初等解析入門
A First Course in Analysis

落合卓四郎・高橋勝雄 ──［著］

東京大学出版会

A First Course in Analysis
Takushiro OCHIAI and Katsuo TAKAHASHI
University of Tokyo Press, 2001
ISBN4-13-062907-7

はじめに

　大学初年度の一般数学は，文系・理系向けのそれぞれに，線形代数と解析の2科目が開講されるのが標準的である．しかし最近，伝統的に数学が必要とされてきた工学・理学の分野を越えて，経済学・政治学・心理学などの社会科学・人文科学の分野や，新しい学問・技術である情報・環境・生命などの分野でも，数学が有効に使われるようになってきた．さらに，高校の数学[1]の履修度合や習熟度も著しく多様化してきた．これらを考えれば，大学初年度の一般数学は，次の視点から数種類用意される必要がある．

1. 数学を学ぶ目的は次のいずれか?
　文化として数学を楽しむ．
　将来，ユーザーとして数学を使う．
　将来，理論のパイオニアとして数学を使い，創造する．

2. 高校数学をどこまで履修し，習熟したか?

　大学の理系の解析では，伝統的に，公理的実数論を背景として位相空間論の手法を用い，初等微積分を理論的に再構成し，微積分へ導くというコースをたどる．一方，高校では微積分を論理的に理解するのではなく，やや直観的に扱い，具体的な関数の計算をおこなったり，事実を具体的な問題に使ったりすることで学習する．この「高校の微積分」を核とする「初等微積分」を自由に使い，「初等解析」へ導くという新しいコースを提案したい．

　本書は，高校で数学IIIまでを履修した大学生の中で，将来，ユーザーとして数学を使う学生を対象とした，次の図式中の「新コース」のための教科書・参考書である．しかし，数学IIまでを履修していれば，第I部の学習を

---

[1] 以下では，「高校数学」ということにする．

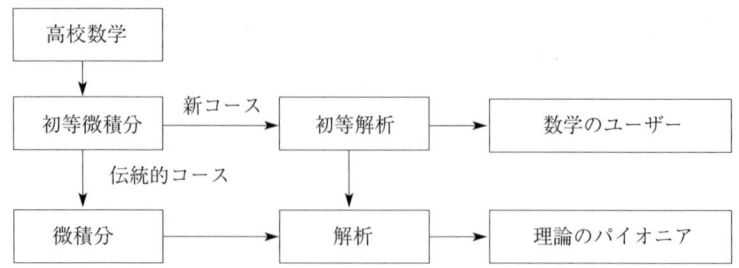

通して，本書が理解できるように配慮した．

また，本書の基本構想は，高校の微積分の事実に，もう1つ

「有界単調増加数列は極限を持つ」

という事実を追加して「初等微積分」としてまとめること，そのうえで，これらの事実を自由に使いこなせるようにすること，さらに，時がくればいずれ必要となる解析の豊富な諸事実が理解でき，かつ，具体的な計算もしっかりできるようにすることである．

　一般数学を必修科目とする理由は，将来のためもさることながら，自らの考えをまとめ，説明するうえで最も有効な手段である，数学的思考方法の修得に役立つからである．本書では，上に述べた事実のみをもとに，論理的にいく層にも積み上げるという手法を使っている．文系・理系にかかわらず，一般教養の一環としてこの手法を学び，数学的思考方法を訓練するのは，十分に意義があると思う．そして，それを通して，初等微積分の知識のしっかりとした定着をはかるのが，本書の目的の重要な部分である．

　終わりにあたり，「伝統的コース」の解説を目的とする杉浦光夫氏の『解析入門I』（東京大学出版会）と，「新コース」の教科書である堀川穎二氏の『新しい解析入門コース』（日本評論社）から，多大の恩恵をうけていることを強調しておきたい．また，堀川氏は校正の段階で多くの指摘をしてくださった．友人の八木克巳氏は，本書の原稿を精読してくださり，本質的に重要な改良の貢献をしてくださった．東京大学出版会の丹内利香氏は，本書を執筆する

にあたり勇気を与えてくださった．これらの方々のおかげがなければ，本書はこの形で出版されることはなかったであろう．心から感謝する次第である．

$\qquad$ 2000 年 10 月
$\qquad$ 落合卓四郎
$\qquad$ 高橋　勝雄

本書を使うにあたっての注意

　第 1 章から第 11 章は，東京大学の理系向け微積分の講義で取りあげる内容のうち，1 変数の部分をカバーしている．一連の命題の中で原理的なものを補題とし，使いやすいようにまとめたものを定理とした．

　章末問題は，講義の理解を助ける目的の A 群と，力をつけるための B 群からなる．なお，特に奇数番号の問題に対しては，巻末に詳しい解答例を与えた．研究課題は，読者自らが興味を感じたうえで，チャレンジしてもらいたい．そのうえでさらに進んで学習する機会が生まれれば，著者最大の喜びである．

　参考書としては，上記にあげた本があるが，「伝統的コース」に興味をもたれた読者には，小林昭七氏の『微分積分読本』（裳華房）が自習書として適している．多変数関数の微積分については，拙著『多変数の初等解析入門』（東京大学出版会），堀川氏の上記の教科書，岡本和夫氏の『微分積分読本』（朝倉書店）も参照されたい．

目 次

はじめに .... *iii*

I　初等微積分の完成　　1

第 1 章　初等関数 *2*

- 1.1　第 1 グループの初等関数 *2*
  - 1.1.1　多項式関数 *2*
  - 1.1.2　分数関数 *3*
  - 1.1.3　無理関数 *4*
  - 1.1.4　二項関数 *4*
- 1.2　第 2 グループの初等関数 *4*
  - 1.2.1　指数関数 *4*
  - 1.2.2　三角関数 *5*
  - 1.2.3　双曲線関数 *7*
- 1.3　第 3 グループの初等関数 *8*
  - 1.3.1　逆関数 *8*
  - 1.3.2　対数関数 *10*
  - 1.3.3　逆正弦関数 *10*
  - 1.3.4　逆余弦関数 *11*
  - 1.3.5　逆正接関数 *12*
  - 1.3.6　逆双曲線正弦関数 *13*
  - 1.3.7　逆双曲線余弦関数 *13*
  - 1.3.8　逆双曲線正接関数 *14*
- 1.4　初等関数の分類 *15*

第 2 章　初等関数の微積分 ……………………………… *18*

2.1　初等関数の導関数 ……………………………………… *18*
2.1.1　逆三角関数の導関数 ……………………………… *19*
2.1.2　逆双曲線関数の導関数 …………………………… *19*
2.2　初等関数の不定積分 …………………………………… *20*

第 3 章　数列の極限 ……………………………………… *31*

3.1　有界数列に関する基本事実の導入 …………………… *31*
3.2　極限の定義の言い換え ………………………………… *33*
3.3　極限の基本的性質 ……………………………………… *36*
3.4　複素数の数列 …………………………………………… *39*

研究課題 1　基本事実の解説 …………………………… *41*

第 4 章　関数の極限 ……………………………………… *44*

4.1　関数の極限 ……………………………………………… *44*
4.2　連続関数 ………………………………………………… *46*
4.3　導関数 …………………………………………………… *48*
4.4　ド・ロピタルの法則 …………………………………… *49*

研究課題 2　連続関数の基本性質 ……………………… *52*

II　初等解析への道　　　　　　　　　　　　　　55

第 5 章　広義積分 ………………………………………… *56*

5.1　広義積分について ……………………………………… *56*
5.2　ワイエルシュトラスの判定法 ………………………… *60*
5.3　ガンマ関数 ……………………………………………… *64*
5.4　ベータ関数 ……………………………………………… *65*

第6章 テイラーの定理 *70*

6.1 関数の多項式による近似 *70*
6.2 テイラーの定理 *73*
6.3 近似値計算 *78*
6.4 凸関数とニュートン法 *80*

第7章 初等関数のテイラー展開 *85*

7.1 テイラー展開 *85*
7.2 第1グループのテイラー展開 *87*
7.3 第2グループのテイラー展開 *90*
7.4 第3グループのテイラー展開 *92*

III 初等解析の楽しみ   101

第8章 級数の収束 *102*

8.1 複素数の級数 *102*
8.2 有界正項級数 *104*
8.3 二重級数定理 *106*

第9章 べき級数の収束 *113*

9.1 絶対収束べき級数 *113*
9.2 ダランベールの公式 *118*
9.3 いろいろなべき級数の収束半径 *122*
9.4 収束べき級数の和・積 *128*

研究課題3 収束半径の存在 *132*

研究課題4 収束べき級数の合成 *133*

研究課題 5　フーリエ級数 *137*

第 10 章　べき級数の微積分 *139*

 10.1　基本評価 *139*
 10.2　べき級数による関数 *141*
 10.3　べき級数による関数のテイラー展開 *142*

研究課題 6　べき級数による関数の合成 *146*

第 11 章　2 階線形常微分方程式 *147*

 11.1　実解析的関数 *147*
 11.2　2 階線形常微分方程式の解 *153*
 11.3　べき級数による解法 *156*

第 12 章　コーシーの積分定理 *161*

 12.1　線積分 *161*
 12.2　回転数 *166*
 12.3　コーシーの積分定理 *169*

研究課題 7　複素解析的関数 *174*

第 13 章　積分の計算 *175*

 13.1　特別な留数の定理 *175*
 13.2　いろいろな積分 *179*

研究課題 8　一般の留数の定理 *188*

研究課題 9　フーリエ変換 *190*

参考資料（高校で学ぶ事実一覧） *191*

演習問題の解答 *193*

索 引 *211*

I
初等微積分の完成

　微積分は，高校数学で重要な事柄である．その中で，本書で使うものを「参考資料」として掲載したので一見してもらいたい．高校では，これらを，理論的な面を意識せずやや直観的に扱い，具体的な関数の計算を通して学習した．しかし，読者が将来いろいろな分野で数学を道具として使う場合に，高校で学んだ関数だけではなく，もっと多くの関数を自由自在に扱う必要がある．第I部では，これらの事実を論理的に理解し，実用において十分なレベルに達するよう，初等微積分の知識を確実なものにする．

　第1章では，高校で学んだ関数を復習しその仲間の関数を紹介する．それらを3つのグループに分類し，本書では「初等関数」とよぶ．第2章では，初等関数の導関数と不定積分を具体的に計算する．第3章では，数列の極限について整理し，本書を通じて頻繁に使われる基本事実を新たに導入する．高校数学の感覚的な定義に代え論理的な定義を採用することで，参考資料の (1)(2) などが理論的に証明できることを示す．第4章では，連続関数，導関数の復習をする．参考資料の (6)(7)(8)(9) には違和感がないかと思うが，連続関数についての重要な事実 (4)(5) などは，ほとんど忘れてしまったのではないだろうか？　本書ではそれらを自由に使うため，大事な点を解説し，(3)(6)(7)(8)(9) が理論的に証明できることを示す．

第1章　初等関数

1.1　第1グループの初等関数

1.1.1　多項式関数

x の1次式で表される関数

$$f(x) = ax + b \qquad (a, b \text{ は定数}, a \neq 0)$$

を x の1次関数という．x の2次式で表される関数

$$f(x) = ax^2 + bx + c \qquad (a, b, c \text{ は定数}, a \neq 0)$$

を x の2次関数という．一般に，x の n 次多項式で表される関数

$$f(x) = a_n x^n + a_{n-1} x^{n-1} + \cdots + a_1 x + a_0 \qquad (a_n \neq 0, a_{n-1}, \cdots, a_0 \text{ は定数})$$

を x の **n 次関数**という．このとき，定義域は $-\infty < x < \infty$ である．次数を特定しないときは，x の**多項式関数**という．

c を実数とするとき，$x = (x - c) + c$ であり，二項展開定理により，

$$x^k = ((x-c) + c)^k = \sum_{j=0}^{k} \binom{k}{j} (x-c)^j c^{k-j}$$

であるから[1]，上の n 次関数 $f(x)$ は，

$$f(x) = b_n (x-c)^n + b_{n-1} (x-c)^{n-1} + \cdots + b_1 (x-c) + b_0$$

---

1) 高校では $\binom{k}{j}$ は ${}_k C_j$ と表される．すなわち，$\binom{k}{j} = \frac{k!}{j!(k-j)!}$．

と $x-c$ についての n 次多項式で表される．このとき，

$$f'(x) = nb_n(x-c)^{n-1} + (n-1)b_{n-1}(x-c)^{n-2} + \cdots + 2b_2(x-c) + b_1,$$
$$f''(x) = n(n-1)b_n(x-c)^{n-2} + (n-1)(n-2)b_{n-1}(x-c)^{n-3} +$$
$$\cdots + 3 \cdot 2b_3(x-c) + 2b_2$$

である．すべての自然数 k について，多項式関数 $f(x)$ の第 k 次の導関数 $f^{(k)}(x)$ [2]は，

$$f^{(k)}(x) = \begin{cases} \displaystyle\sum_{j=k}^{n} j(j-1)\cdots(j-k+1)b_j(x-c)^{j-k} & (k \leq n) \\ 0 & (k > n) \end{cases}$$

で与えられる．特に，

$$f^{(k)}(c) = k!\, b_k \qquad (0 \leq k \leq n)$$

であるから，多項式関数 $f(x)$ は

$$f(x) = f(c) + f^{(1)}(c)(x-c) + \cdots + \frac{f^{(n)}(c)}{n!}(x-c)^n \qquad (1.1)$$

と表される．

1.1.2 分数関数

$A(x), B(x)$ を x の多項式とするとき，$A(x)/B(x)$ の形の式を x の分数式という．関数 $f(x)$ が $f(x) = A(x)/B(x)$ と x についての分数式で表され，$B(x)$ の次数が 1 以上のとき，$f(x)$ を x の **分数関数** という．例えば，$2/x$, $(x-1)/(x+1)$, $1/(x^2+x+1)$ などは，x の分数関数である．定義域は多項式 $B(x)$ の値が 0 となるような x を除いた部分とする．すなわち，実数の全体を $\mathbf{R}$ で表すとき，$\mathbf{R}$ の部分集合 $\{x \in \mathbf{R} \mid B(x) \neq 0\}$ が分数関数の定義域である．

---

[2] $f^{(1)}(x)$, $f^{(2)}(x)$ はそれぞれ $f'(x)$, $f''(x)$ である．

1.1.3 無理関数

$\sqrt{x}, \sqrt{3x+1}, \sqrt{x^2+x+1}$ のように,根号の中に x の多項式を含む式を x の無理式といい,x についての無理式で表された関数を,x の**無理関数**という.上記において,根号の中の多項式の値を負にするような x については,無理関数の値を定義しない.すなわち,多項式 $P(x)$ によって無理関数 $f(x) = \sqrt{P(x)}$ が与えられたとき,$\mathbf{R}$ の部分集合 $\{x \in \mathbf{R} \mid P(x) \geq 0\}$ を,この無理関数の定義域とする.

1.1.4 二項関数

任意の実数 a について,x の関数 $f(x) = (1+x)^a$ を**二項関数**という.a の値によって $(1+x)^a$ が定義できる x の範囲は違うが,任意の a について定義できる範囲は $(-1, \infty)$ であるので,この関数の定義域は $(-1, \infty)$ と約束する.

1.2 第 2 グループの初等関数

1.2.1 指数関数

実数 e を,

$$e = \lim_{n \to \infty} \left(1 + \frac{1}{n}\right)^n = 2.7182818\cdots$$

で定義する.これはネイピア数[3]とよばれる実数である.x の関数 $f(x) = e^x$ を**指数関数**という.この関数の定義域は $(-\infty, \infty)$ である.任意の実数 x, y について,

$$e^{x+y} = e^x e^y$$

である.

---

[3] 自然対数の底である.

1.2.2 三角関数

座標平面上で原点を中心とする半径 1 の円を S で表そう．円周の長さは 2π である．任意に実数 x を考える．点 $(1,0)$ から円周に沿って，$x \geq 0$ であれば反時計回りに，$x < 0$ なら時計回りに長さが $|x|$ だけ進んだ円 S 上の点を $P(x)$ で表す（図 1.1）．このとき，点 $P(x)$ の座標が $(\cos x, \sin x)$ であることを高校で学んだ．すなわち，$P(x) = (\cos x, \sin x)$ である．

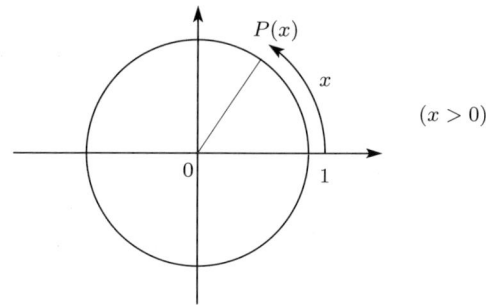

図 1.1

ピタゴラスの定理から，任意の実数 x について，

$$(\cos x)^2 + (\sin x)^2 = 1$$

が成り立つ．$\cos x = 0$ となるような x は，

$$x = \left(n + \frac{1}{2}\right)\pi \qquad (\text{ただし } n \text{ は整数})$$

である．これら以外の実数 x について，

$$\tan x = \frac{\sin x}{\cos x}$$

と定義する．$\sin x, \cos x, \tan x$ はいずれも x の関数である．これらをまとめて**三角関数**という．$\sin x, \cos x$ の定義域は $(-\infty, \infty)$ であり，$\tan x$ の定義域は，$\{x \in \mathbf{R} \mid x \neq (n+1/2)\pi,\ n \text{ は整数}\}$ である．

【問題 1.1】 三角関数についての加法定理を使い，任意の実数 x, y について，

$$(\cos x + i \sin x)(\cos y + i \sin y) = \cos(x+y) + i \sin(x+y)$$

となることを示せ．

例題 1.1　任意の複素数 $z = a + ib$ (a, b は実数) について，

$$e^z = e^a(\cos b + i \sin b) \tag{1.2}$$

とおく．このとき，任意の複素数 $w = c + id$ (c, d は実数) について，

$$e^{z+w} = e^z e^w \tag{1.3}$$

となることを示せ．

解答例

$$\begin{aligned} e^z e^w &= e^a(\cos b + i \sin b)\, e^c(\cos d + i \sin d) \\ &= e^a e^c (\cos b + i \sin b)(\cos d + i \sin d) \\ &= e^{a+c}(\cos(b+d) + i \sin(b+d)) = e^{z+w} \end{aligned}$$

となる．(解答終わり)

さて，

$$x = \cos t, \quad y = \sin t \quad (0 \leq t \leq 2\pi)$$

は円周 $x^2 + y^2 = 1$ の媒介変数表示である．原点，$Q = P(1,0)$，そして $P(\cos t, \sin t)$ で決まる扇形の面積は $t/2$ となる．次項では，もう 1 つの 2 次曲線である双曲線 $x^2 - y^2 = 1$ で考えてみよう．

1.2.3 双曲線関数

任意の実数 t について，

$$\sinh t = \frac{e^t - e^{-t}}{2}, \quad \cosh t = \frac{e^t + e^{-t}}{2}, \quad \tanh t = \frac{\sinh t}{\cosh t}$$

とおく．このとき，

$$(\cosh t)^2 - (\sinh t)^2 = 1 \tag{1.4}$$

である．これは，

$$x = \cosh t, \quad y = \sinh t$$

が双曲線 $x^2 - y^2 = 1 \ (x > 0)$ の媒介変数表示であることを意味する．

例題 1.2 原点と双曲線の頂点 $Q = P(1, 0)$ を結ぶ線分，原点と双曲線上の点 $R = P(\cosh t, \sinh t) \ (t > 0)$ を結ぶ線分，および双曲線の弧 QR で囲まれた部分の面積は $t/2$ となることを示せ（図 1.2 参照）．

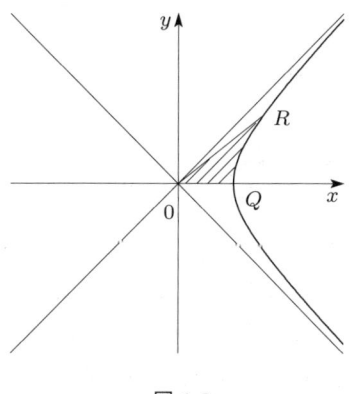

図 1.2

解答例 求める面積は，

$$\frac{(\sinh t)(\cosh t)}{2} - \int_1^{\cosh t} \sqrt{x^2 - 1} \, dx$$

である．$x = \cosh t$ とおけば，$(\cosh t)' = \sinh t$ であるから，置換積分法（参考資料 (9)-(a) 参照）を使って，

$$\int_1^{\cosh t} \sqrt{x^2 - 1}\, dx = \int_0^t (\sinh t)^2\, dt$$
$$= \int_0^t \frac{e^{2t} - 2 + e^{-2t}}{4}\, dt$$
$$= \left[\frac{e^{2t} - e^{2t}}{8} - \frac{t}{2}\right]_0^t$$
$$= \frac{(\sinh t)(\cosh t)}{2} - \frac{t}{2}$$

より証明できる．（解答終わり）

$\sinh x$, $\cosh x$, $\tanh x$ をそれぞれ**双曲線正弦関数**，**双曲線余弦関数**，**双曲線正接関数**とよぶ．これらをまとめて**双曲線関数**という．

【問題 1.2】 次を示せ．

$$(\sinh x)' = \cosh x, \quad (\cosh x)' = \sinh x,$$
$$(\tanh x)' = \frac{1}{(\cosh x)^2}, \quad 1 - (\tanh x)^2 = \frac{1}{(\cosh x)^2}$$

1.3 第 3 グループの初等関数

1.3.1 逆関数

関数 $y = f(x)$ の逆関数について，高校で学んだことを復習しておこう．関数 $y = f(x)$ において，y の値を定めると $y = f(x)$ となる x の値がちょうど 1 つ定まるとき，x は y の関数として $x = g(y)$ と表せる．ここで，変数 y を x で書き直した $g(x)$ を $f(x)$ の**逆関数**といい，$f^{-1}(x)$ で表すこともある．

一般に，関数 $f(x)$ は逆関数をもつとは限らない．例えば，$(-\infty, \infty)$ を定義域とする関数 $y = f(x) = x^2$ は，$y = 1$ に対して，$x = \pm 1$ で $y = f(x)$ となるから，逆関数をもたない．一方，関数 $f(x)$ の定義域を $[0, \infty)$ に狭

めると，逆関数 $y = \sqrt{x}$ をもつ．では，どのような場合に逆関数をもつのか考えてみよう．

補題 1.1 関数 $f(x)$ は I を定義域とする単調増加関数とする．すなわち，I に含まれる実数 $s < t$ について，$f(s) < f(t)$ が成り立つとする．このとき，

$$J = \{\, f(s) \,|\, s \in I \,\}$$

とおくと[4]，関数 $y = f(x)$ は J を定義域とする逆関数 $y = g(x)$ をもつ．さらに，$I = [a, b]\,(a < b)$ で $f(x)$ が連続関数であれば，$J = [f(a), f(b)]$ である．

証明 J に含まれる実数 u を考える．J の定義により，I に含まれるある実数 s を適当に選べば，$u = f(s)$ となる．もし，I に含まれる実数 t が $u = f(t)$ を満たしたとすると，仮定より $y = f(x)$ は単調増加関数であるから，$s = t$ となる．すなわち，$x = s$ が $u = f(x)$ を満たす唯一の実数である．関数 $y = g(x)$ を $g(u) = s$ で定義すれば，関数 $y = f(x)$ の逆関数となる．

後半については，まず，$a < b$ であるから，$f(a) < f(b)$ となる．次に，$f(a) < u < f(b)$ を満たす任意の実数 u に対して，中間値の定理（参考資料 (4) 参照）より，$a < s < b$ となる実数 s を適当に選べば，$f(s) = u$ となる．以上から，$J = [f(a), f(b)]$ である． （証明終わり）

補題 1.1 において，関数 $f(x)$ の定義域 I が閉区間でないとき，J を論理的な道筋をたどって具体的に求めるには，すこし工夫がいる．次の例題でみてみよう．

例題 1.3 $I = (-\infty, \infty)$ を定義域とする指数関数 e^x について，$J = (0, \infty)$ である．

---

[4] J を関数 $f(x)$ の値域とよぶ．

解答例 論理的に説明してみよう．$g(x) = e^x - x$ とすると，$g'(x) = e^x - 1$ であるから，$x > 0$ であれば，$g'(x) > 0$．よって，$g(x)$ は $x > 0$ で単調増加関数であり (参考資料 (7) 参照)，$g(0) = 1$ であるから，$x > 0$ で $e^x > x$ である．まず，任意に実数 $a > 1$ をとろう．そうすれば，$1 = e^0 < a < e^a$ である．指数関数 e^x は連続関数であるから，中間値の定理（参考資料 (4) 参照）より，ある $b \in (0, a)$ が存在して，$e^b = a$ となる．次に，任意に実数 $0 < a < 1$ をとると，$a^{-1} > 1$ であるから，上記の結果より，ある b が存在して，$e^b = a^{-1}$．よって，$e^{-b} = (e^b)^{-1} = a$ となる．一方，$e^0 = 1$ であるから，以上により，$J = (0, \infty)$ となる．(解答終わり)

この補題 1.1 を使って，いくつかの関数の逆関数を求めてみよう．

1.3.2 対数関数

指数関数 $f(x) = e^x$ は $f'(x) = e^x > 0$ であるから，単調増加関数である．さらに，例題 1.3 より，

$$J = \{ f(x) \mid x \in \mathbf{R} \} = (0, \infty)$$

である．したがって，補題 1.1 より，関数 $f(x)$ の逆関数

$$g : (0, \infty) \longrightarrow \mathbf{R}$$

がある．以下，$g(x) = \log x$ と表し，**(自然) 対数関数**という．

以下では，高校では学ばなかった関数をいくつか紹介する．まず，三角関数の逆関数について考える．

1.3.3 逆正弦関数

閉区間 $I = [-\pi/2, \pi/2]$ を定義域とする関数 $f(x) = \sin x$ を考える．このとき，関数 $f(x)$ は I で単調増加関数である．実際，$f'(x) = \cos x$ であるから，$-\pi/2 < x < \pi/2$ で，$f'(x) > 0$ となる．したがって，$f(x)$ は開区間 $(-\pi/2, \pi/2)$ で単調に増加する．$f(x)$ は連続関数であるから，$f(x)$ は閉区間 $[-\pi/2, \pi/2]$ で単調増加関数である．$f(-\pi/2) = -1, f(\pi/2) = 1$ で

あるから，補題 1.1 より，関数 $f(x)$ は $J = [-1, 1]$ を定義域とする逆関数 $g(x)$ をもつ．以下，$g(x)$ を $\operatorname{Arcsin} x$ で表し，**逆正弦関数** とよぶ．定義から，$-1 \leq x \leq 1, -\pi/2 \leq y \leq \pi/2$ について，

$$x = \sin y \iff y = \operatorname{Arcsin} x \tag{1.5}$$

である．

1.3.4 逆余弦関数

閉区間 $I = [0, \pi]$ を定義域とする関数 $f(x) = -\cos x$ を考える．このとき，関数 $f(x)$ は I で単調増加関数である．実際，$f'(x) = \sin x$ であるから，開区間 $(0, \pi)$ で，$f'(x) > 0$ となる．したがって，1.3.3 項と同様に，関数 $f(x)$ は閉区間 $[0, \pi]$ で単調増加関数である．$f(0) = -1, f(\pi) = 1$ であるから，補題 1.1 より，関数 $f(x)$ は $J = [-1, 1]$ を定義域とする逆関数 $g(x)$ をもつ．以下，$g(-x)$ を $\operatorname{Arccos} x$ で表し，**逆余弦関数** とよぶ．定義から，$-1 \leq x \leq 1, 0 \leq y \leq \pi$ について，

$$x = \cos y \iff y = \operatorname{Arccos} x \tag{1.6}$$

である．

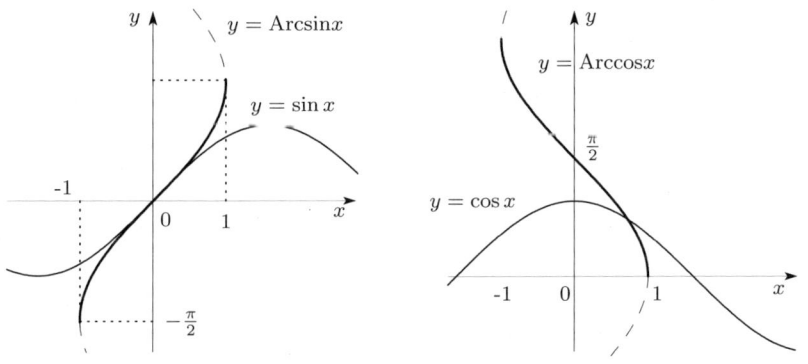

図 1.3

【問題 1.3】 $\mathrm{Arcsin}\, x + \mathrm{Arccos}\, x = \pi/2$ を示せ．

1.3.5 逆正接関数

開区間 $(-\pi/2, \pi/2)$ を定義域とする関数 $f(x) = \tan x$ を考える．$f'(x) = 1 + (\tan x)^2$ であるから，開区間 $(-\pi/2, \pi/2)$ で $f'(x) > 0$ となる．したがって，$f(x)$ は $(-\pi/2, \pi/2)$ では単調に増加する．$f(x)$ は連続関数であり，

$$\lim_{x \to -\pi/2+0} \tan x = -\infty, \quad \lim_{x \to \pi/2-0} \tan x = \infty$$

であるから，

$$J = \left\{ f(x) \,\middle|\, -\frac{\pi}{2} < x < \frac{\pi}{2} \right\} = (-\infty, \infty)$$

である．補題 1.1 より，関数 $f(x)$ は $J = (-\infty, \infty)$ を定義域とする逆関数 $g(x)$ をもつ．以下，$g(x)$ を $\mathrm{Arctan}\, x$ で表し，**逆正接関数**とよぶ．定義から，$-\infty < x < \infty$，$-\pi/2 < y < \pi/2$ について，

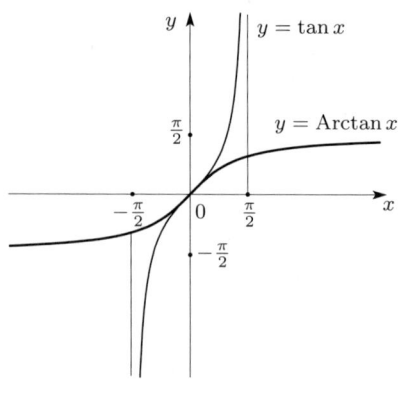

図 1.4

$$x = \tan y \iff y = \mathrm{Arctan}\, x \tag{1.7}$$

である．

逆正弦関数，逆余弦関数，逆正接関数をまとめて**逆三角関数**とよぶ．

1.3.6　逆双曲線正弦関数

関数 $y = \sinh x = (e^x - e^{-x})/2$ の定義域は $-\infty < x < \infty$ であり，

$$(\sinh x)' = \cosh x \geq 1$$

であるから，単調増加関数である．一方，$x \geq 0$ では $e^{-x} \leq 1$ より，

$$\sinh x \geq \frac{e^x - 1}{2}$$

であるから，$x \to \infty$ のとき $\sinh x \to \infty$ となる．また，$x \leq 0$ では $e^x \leq 1$ より，

$$\sinh x \leq \frac{1 - e^{-x}}{2}$$

であるから，$x \to -\infty$ のとき，$\sinh x \to -\infty$ となる．したがって，$y = \sinh x$ の値域は $-\infty < y < \infty$ となる．補題 1.1 より，$y = \sinh x$ は逆関数 $y = g(x)\,(-\infty < x < \infty)$ をもつ．$g(x)$ を $\mathrm{Arcsinh}\,x$ と表し，**逆双曲線正弦関数**とよぶ．定義から，$-\infty < x < \infty,\ -\infty < y < \infty$ について，

$$x = \sinh y \iff y = \mathrm{Arcsinh}\,x \tag{1.8}$$

である．

1.3.7　逆双曲線余弦関数

関数 $y = \cosh x = (e^x + e^{-x})/2$ の定義域は $-\infty < x < \infty$ であり，

$$\cosh x = \frac{e^x + e^{-x}}{2} \geq \sqrt{e^x e^{-x}} = 1$$

である．一方，

$$\cosh x = \frac{e^x + e^{-x}}{2} \geq \frac{e^x}{2}$$

であるから，$x \to \infty$ のとき，$\cosh x \to \infty$ である．以上より，関数 $f(x) = \cosh x\ (0 \le x < \infty)$ の値域は $1 \le y < \infty$ である．さらに，

$$f'(x) = \sinh x \ge 0 \qquad (x \ge 0)$$

であるから，$f(x)$ は $x \ge 0$ で単調増加関数である．補題 1.1 より，$f(x)$ は $[1, \infty)$ を定義域とする逆関数 $g(x)$ をもつ．これを $\operatorname{Arccosh} x$ で表し，**逆双曲線余弦関数**とよぶ．定義から，$1 \le x < \infty,\ 0 \le y < \infty$ について，

$$x = \cosh y \iff y = \operatorname{Arccosh} x \tag{1.9}$$

である．

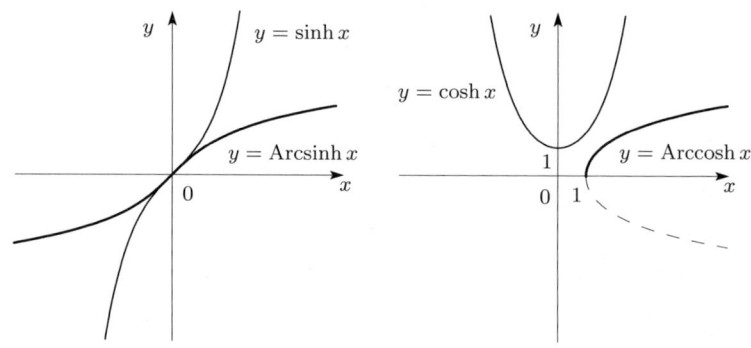

図 1.5

1.3.8 逆双曲線正接関数

関数 $y = \tanh x = (e^x - e^{-x})/(e^x + e^{-x})$ の定義域は $-\infty < x < \infty$ であり，

$$(\tanh x)' = \frac{1}{(\cosh x)^2} > 0$$

であるから，$\tanh x$ は単調増加関数である．一方，$x \to \infty$ であれば $\tanh x \to 1$ であり，$x \to -\infty$ であれば $\tanh x \to -1$ であるから，値

域は $-1 < y < 1$ である．補題 1.1 より，$\tanh x$ は $(-1, 1)$ を定義域とする逆関数 $g(x)$ をもつ．これを $\operatorname{Arctanh} x$ で表し，**逆双曲線正接関数**とよぶ．定義から，$-1 < x < 1, -\infty < y < \infty$ について，

$$x = \tanh y \iff y = \operatorname{Arctanh} x \tag{1.10}$$

である．

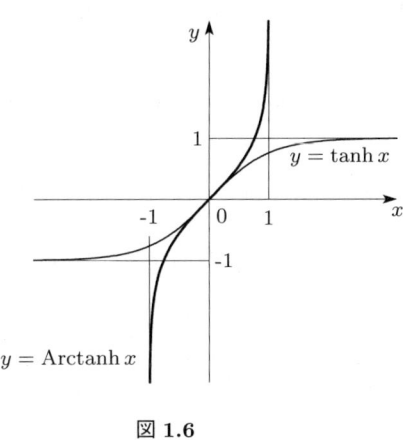

図 1.6

逆双曲線正弦関数，逆双曲線余弦関数，逆双曲線正接関数をまとめて**逆双曲線関数**とよぶ．

1.4　初等関数の分類

命題 1.1　実数 $k \neq 0, a, b$ について，

$$\begin{aligned}
f(x) &= a \sin kx + b \cos kx && (-\infty < x < \infty) \\
g(x) &= a \sinh kx + b \cosh kx && (-\infty < x < \infty) \\
h(x) &= a e^{kx} && (-\infty < x < \infty)
\end{aligned}$$

とおくとき，次が成り立つ．

$$f''(x) + k^2 f(x) = 0, \quad f(0) = b, \quad f'(0) = a\,k \tag{1.11}$$
$$g''(x) - k^2 g(x) = 0, \quad g(0) = b, \quad g'(0) = a\,k \tag{1.12}$$
$$h'(x) = k\,h(x), \quad h(0) = a \tag{1.13}$$

証明 それぞれの関数の導関数，2次導関数を計算すればよい．(証明終わり)

定義 1.1 この節で紹介した関数を本書では**初等関数**とよぶことにする．これらは次のように分類できる．

第1グループ：多項式関数，分数関数，無理関数，二項関数
第2グループ：指数関数，三角関数，双曲線関数
第3グループ：対数関数，逆三角関数，逆双曲線関数

第1グループに属する関数は代数的な関数であり，第2グループに属する関数は命題1.1のように導関数および2次の導関数で定まる関係式[5]を満たす特徴をもつ．そして，第2グループの逆関数として第3グループに属する関数が分類される．さらに，第3グループに属する関数は，第1グループの関数の不定積分として得られることを次章で示す．

---

[5] (1.11),(1.12) は2階の，(1.13) は1階の線形常微分方程式とよばれる．

演習問題

[A]
問題 1.1 $\operatorname{Arcsin}(\sin x)$ のグラフをかけ．

問題 1.2 $\cos(3 \operatorname{Arccos} x)$ を x の多項式で表せ．

[B]
問題 1.3 $a < b$ として，閉区間 $[a,b]$ を定義域とする連続関数 $f(x)$ が開区間 (a,b) で単調増加であれば，閉区間 $[a,b]$ でも単調増加であることを証明せよ．

問題 1.4 実数 a について，関数 $f(x)$ を
$$f(x) = \int_0^x \frac{1}{\sqrt{1+ax^2}}\, dx$$
で定義する．J をこの関数の値域とする．
(1) J を定義域とする $f(x)$ の逆関数 $g(x)$ があることを示せ．
(2) $g(x)$ は $g''(x) - a g(x) = 0$ を満たすことを示せ．

第2章 初等関数の微積分

2.1 初等関数の導関数

第1章で紹介した初等関数 $f(x)$ のうち，第1グループ，第2グループに属するものについては，それらの定義域の端点を除いたすべての点で微分可能であり，その導関数 $f'(x)$ はそれぞれ次のようになることを，高校で学んだ．

(1) $\left(\sum_{k=0}^{n} a_k x^k\right)' = n a_n x^{n-1} + (n-1) a_{n-1} x^{n-2} + \cdots + 2 a_2 x + a_1$

(2) $\left(\dfrac{A(x)}{B(x)}\right)' = \dfrac{A'(x)B(x) - A(x)B'(x)}{\{B(x)\}^2}$

(3) $\left(\sqrt{P(x)}\right)' = \dfrac{P'(x)}{2\sqrt{P(x)}}$

(4) $\left((1+x)^a\right)' = a(1+x)^{a-1}$

(5) $(e^x)' = e^x$

(6) $(\sin x)' = \cos x,\ (\cos x)' = -\sin x,\ (\tan x)' = 1 + (\tan x)^2$

(7) $(\sinh x)' = \cosh x,\ (\cosh x)' = \sinh x,\ (\tanh x)' = 1 - (\tanh x)^2$

(8) $(\log |x|)' = \dfrac{1}{x}$

双曲線関数は新しい関数であるが，その導関数は指数関数の導関数を計算することによって得られるので，これもすでに学んだ範囲に入っているとしてよい．

第3グループに属する関数の導関数を次に求めてみよう．その結果を表2.1に掲載するが，まず，逆三角関数の導関数を求めてみよう．

2.1.1 逆三角関数の導関数

逆正弦関数 $\text{Arcsin}\, x\,(-1<x<1)$ の導関数を求めよう．逆関数の導関数の公式 (参考資料 (6)-(f) 参照) より，$-1<x<1$ について，$y=\text{Arcsin}\, x$ とおけば，

$$(\text{Arcsin}\, x)' = \frac{1}{dx/dy} = \frac{1}{(\sin y)'} = \frac{1}{\cos y}$$

となる．$-\pi/2 < y < \pi/2$ より，

$$0 < \cos y = \sqrt{1-(\sin y)^2} = \sqrt{1-x^2}$$

であるから，

$$(\text{Arcsin}\, x)' = \frac{1}{\sqrt{1-x^2}} \tag{2.1}$$

となる．同様にして，

$$(\text{Arccos}\, x)' = \frac{-1}{\sqrt{1-x^2}} \tag{2.2}$$

となる．最後に $(\text{Arctan}\, x)'$ を求めよう．$-\infty < x < \infty$ について，$y = \text{Arctan}\, x$ とおけば，

$$(\text{Arctan}\, x)' = \frac{1}{1+(\tan y)^2} = \frac{1}{1+x^2} \tag{2.3}$$

となる．

2.1.2 逆双曲線関数の導関数

逆双曲線関数 $\text{Arcsinh}\, x\,(-\infty < x < \infty)$ の導関数を求めよう．

$-\infty < x < \infty$ について，$y = \text{Arcsinh}\, x$ とおけば，

$$(\text{Arcsinh}\, x)' = \frac{1}{dx/dy} = \frac{1}{(\sinh y)'} = \frac{1}{\cosh y}$$

である．$\cosh y \geq 1$ より，

$$\cosh y = \sqrt{1+\sinh y^2} = \sqrt{1+x^2}$$

であるから,
$$(\text{Arcsinh}\, x)' = \frac{1}{\sqrt{1+x^2}} \tag{2.4}$$
となる.同様にして,
$$(\text{Arccosh}\, x)' = \frac{1}{\sqrt{x^2-1}} \quad (1 < x < \infty) \tag{2.5}$$
となる.

例題 2.1
$$(\text{Arctanh}\, x)' = \frac{1}{1-x^2} \quad (-1 < x < 1) \tag{2.6}$$
となることを示せ.

解答例 逆関数の導関数の公式(参考資料 (6)-(f) 参照)より,$-1 < x < 1$ について,$y = \text{Arctanh}\, x$ とおけば,
$$(\text{Arctanh}\, x)' = \frac{1}{dx/dy} = \frac{1}{(\tanh y)'} = \frac{1}{1-(\tanh y)^2}$$
となる.これより,
$$(\text{Arctanh}\, x)' = \frac{1}{1-x^2} \tag{2.7}$$
となる.(解答終わり)

2.2 初等関数の不定積分

開区間 I を定義域にもつ連続関数 $f(x)$ と $F(x)$ が $F'(x) = f(x)$ を満たすとき,$f(x)$ を $F(x)$ の**導関数**,$F(x)$ を $f(x)$ の**不定積分**とよぶことを高校で学んだ.さらに,$I = (a,b), (-\infty, b), (a, \infty), (-\infty, \infty)$ などのとき,$G(x)$ が $f(x)$ の別の不定積分とすると,その区間で
$$G(x) = F(x) + C \qquad (C は定数)$$

となる（参考資料 (7)-(c) 参照）．よって，この場合には，連続関数 $f(x)$ の不定積分の 1 つを $F(x)$ とすると，$f(x)$ のすべての不定積分は，定数 C を用いて $F(x) + C$ の形に表される．$f(x)$ の不定積分の 1 つを

$$\int f(x)\,dx$$

で表す．

　第 1 章で紹介した初等関数 $f(x)$ の不定積分 $F(x)$ を表 2.1 に示す．あわせて第 1 章で求めたそれらの導関数も掲載する．

　右の欄の関数 $F(x) = \int f(x)\,dx$ を実際に微分することで，導関数が対応する中央の欄の関数 $f(x)$ になることを，計算で容易に確かめることができる．

例題 2.2　関数 $f(x) = \operatorname{Arcsin} x$ の不定積分が，表 2.1 で主張する通り，$F(x) = x\operatorname{Arcsin} x + \sqrt{1-x^2}$ であることを示せ．

解答例　実際，関数 $F(x)$ を微分してみよう．

$$\begin{aligned}
F'(x) &= (x\operatorname{Arcsin} x)' + (\sqrt{1-x^2}\,)' \\
&= \operatorname{Arcsin} x + \frac{x}{\sqrt{1-x^2}} - \frac{x}{\sqrt{1-x^2}} \\
&= \operatorname{Arcsin} x
\end{aligned}$$

となる．よって，$F(x)$ は $\operatorname{Arcsin} x$ の不定積分である．(解答終わり)

例題 2.3　次の等式を証明せよ．
(1) $\operatorname{Arcsinh} x = \log(x + \sqrt{x^2+1}\,)$
(2) $\operatorname{Arccosh} x = \log(x + \sqrt{x^2-1}\,)$
(3) $\operatorname{Arctanh} x = \dfrac{1}{2}\log\left|\dfrac{1+x}{1-x}\right|$

解答例　それぞれ等式の両辺の導関数が一致することを示し，さらに x のある値で両辺の値が等しくなることを示せばよい．(解答終わり)

表 2.1

$f'(x)$	$f(x)$	$F(x) = \int f(x)dx$
	$\dfrac{Q(x)}{P(x)}$	?
	$\sqrt{P(x)}$	?
$\dfrac{1}{(\cos x)^2}$	$\tan x$	$-\log|\cos x|$
$-\sin 2x$	$\cos^2 x$	$\dfrac{x}{2} + \dfrac{\sin 2x}{4}$
$\sin 2x$	$\sin^2 x$	$\dfrac{x}{2} - \dfrac{\sin 2x}{4}$
$\cosh x$	$\sinh x$	$\cosh x$
$\sinh x$	$\cosh x$	$\sinh x$
$\dfrac{1}{(\cosh x)^2}$	$\tanh x$	$\log(\cosh x)$
$\dfrac{1}{x}$	$\log x$	$x \log x - x$
$\dfrac{1}{\sqrt{1-x^2}}$	$\operatorname{Arcsin} x$	$x \operatorname{Arcsin} x + \sqrt{1-x^2}$
$\dfrac{-1}{\sqrt{1-x^2}}$	$\operatorname{Arccos} x$	$x \operatorname{Arccos} x - \sqrt{1-x^2}$
$\dfrac{1}{1+x^2}$	$\operatorname{Arctan} x$	$x \operatorname{Arctan} x - \dfrac{1}{2}\log(1+x^2)$
$\dfrac{1}{\sqrt{1+x^2}}$	$\operatorname{Arcsinh} x = \log(x+\sqrt{x^2+1})$	$x \operatorname{Arcsinh} x - \sqrt{x^2+1}$
$\dfrac{1}{\sqrt{x^2-1}}$	$\operatorname{Arccosh} x = \log(x+\sqrt{x^2-1})$	$x \operatorname{Arccosh} x - \sqrt{x^2-1}$
$\dfrac{1}{1-x^2}$	$\operatorname{Arctanh} x = \dfrac{1}{2}\log\left|\dfrac{1+x}{1-x}\right|$	$x \operatorname{Arctanh} x + \dfrac{1}{2}\log(1-x^2)$

以下，表 2.1 中の「?」マークを付けた部分について考察を進めよう．まず，$f(x)$ が分数関数 $Q(x)/P(x)$ の場合の不定積分を考えてみよう．最初に，高校で学んだ例を復習する．例えば，

$$\frac{2x^2-1}{x+1} = 2x - 2 + \frac{1}{x+1}$$

であるから，

$$\int \frac{2x^2-1}{x+1} dx = \int (2x-2)dx + \int \frac{dx}{x+1}$$
$$= x^2 - 2x + \log|x+1| + C$$

となる．さらに，もうひとつ例を復習しよう．

$$\frac{1}{x^2-1} = \frac{1}{2}\left(\frac{1}{x-1} - \frac{1}{x+1}\right)$$

であるから，

$$\int \frac{1}{x^2-1} dx = \frac{1}{2}\left(\int \frac{1}{x-1} dx - \int \frac{1}{x+1} dx\right)$$
$$= \frac{1}{2}(\log|x-1| - \log|x+1|) + C$$
$$= \frac{1}{2}\log\left|\frac{x-1}{x+1}\right| + C$$

である．これらの手法をヒントに分数関数の不定積分の計算法を考える．

次の命題を証明なしで使用しよう．

命題 2.1 分数関数 $Q(x)/P(x)$ について，次の 2 つの事実が成り立つ．

(1) まず，

$$P(x) = \big((x-a_1)^2 + (b_1)^2\big)^{m_1} \cdots \big((x-a_r)^2 + (b_r)^2\big)^{m_r} (x-t_1)^{n_1}$$
$$\cdots (x-t_l)^{n_l}$$

と表せる．ここで，$a_1+ib_1,\cdots,a_r+ib_r,t_1,\cdots,t_l$ は互いに異なる複素数および実数[1]で，$b_1>0,\cdots,b_r>0$ である．

(2) このとき，
$$\frac{Q(x)}{P(x)} = T(x) + \sum_{j=1}^{l}\sum_{m=1}^{n_j}\frac{c_{jm}}{(x-t_j)^m} + \sum_{j=1}^{r}\sum_{m=1}^{m_j}\frac{d_{jm}x+e_{jm}}{((x-a_j)^2+(b_j)^2)^m}$$

と表される（ただし，c_{jm}, d_{jm}, e_{jm} は実数，$T(x)$ は多項式である）．

これを分数関数 $Q(x)/P(x)$ の**部分分数展開**という．

【例 2.1】 $A(x)=3x^2-3x-9$, $B(x)=(x+2)(x-1)^2$ の場合を考えてみよう．上記の結果を認めれば，
$$\frac{3x^2-3x-9}{(x+2)(x-1)^2} = \frac{a}{x+2} + \frac{b}{x-1} + \frac{c}{(x-1)^2}$$

となる実数 a, b, c を選ぶことができる．これらは次のように未定係数法でみつけることができる．実際，
$$3x^2-3x-9 = a(x-1)^2 + b(x+2)(x-1) + c(x+2)$$

が恒等的に成り立つから，$x=-2, x=1$ をそれぞれ代入して，$9=9a, -9=3c$ を得る．また，両辺の x^2 の係数から，$3=a+b$ であり，$b=2$ を得る．

命題 2.2 $n\geq 1$ は自然数，a, b は定数で $b\neq 0$ のとき，次が成り立つ．

(1) $\displaystyle\int\frac{dx}{(x-a)^n} = \begin{cases}\dfrac{-1}{n-1}\dfrac{1}{(x-a)^{n-1}} & (n>1) \\ \log|x-a| & (n=1)\end{cases}$

(2) $\displaystyle\int\frac{xdx}{(x^2+b^2)^n} = \begin{cases}\dfrac{-1}{2(n-1)}\dfrac{1}{(x^2+b^2)^{n-1}} & (n>1) \\ \dfrac{1}{2}\log(x^2+b^2) & (n=1)\end{cases}$

---

[1] $a_j\pm ib_j, t_j$ を多項式 $P(x)$ の**零点**といい，m_j, n_j をそれぞれ，零点 $a_j\pm ib_j, t_j$ の**位数**という．

(3) $I_n = \int \dfrac{dx}{(x^2+b^2)^n}$

$= \begin{cases} \dfrac{1}{b^2}\left(\dfrac{x}{(2n-2)(x^2+b^2)^{n-1}} + \dfrac{2n-3}{2n-2}I_{n-1}\right) & (n>1) \\ \dfrac{1}{b}\operatorname{Arctan}\dfrac{x}{b} & (n=1) \end{cases}$

証明 それぞれの右辺を微分してみればすぐにわかる. (証明終わり)

以上の 2 つの命題から，次の定理が得られる．

定理 2.1 (ライプニッツ)　分数関数 $Q(x)/P(x)$ の不定積分は，多項式関数，分数関数，対数関数，そして逆正接関数で表される．

証明　命題 2.1 より，

$$\int \frac{Q(x)}{P(x)}\,dx = \int T(x)\,dx + \sum_{j=1}^{l}\sum_{m=1}^{n_j}\int \frac{c_{jm}}{(x-t_j)^m}\,dx$$
$$+ \sum_{j=1}^{r}\sum_{m=1}^{m_j}\int \frac{d_{jm}x + e_{jm}}{\left((x-a_j)^2+(b_j)^2\right)^m}\,dx$$

となる．右辺の第 1 項は多項式の不定積分であり，それ以後の各不定積分は，適当に変数変換すれば命題 2.2 で考察した不定積分になる． (証明終わり)

例題 2.4　分数関数 $(3x^2-3x-9)/(x+2)(x-1)^2$ の不定積分を求めよ．

解答例　例 2.1 より，

$$\int \frac{3x^2-3x-9}{(x+2)(x-1)^2}\,dx = \int \frac{1}{x+2}\,dx + \int \frac{2}{x-1}\,dx + \int \frac{-3}{(x-1)^2}\,dx$$
$$= \log|x+2| + 2\log|x-1| + \frac{3}{x-1} + C$$
$$= \log|(x+2)(x-1)^2| + \frac{3}{x-1} + C$$

となる．(解答終わり)

次に，2つの文字 x, y の多項式 $A(x,y), B(x,y)$ について，関数

$$f(x) = \frac{A(\cos x, \sin x)}{B(\cos x, \sin x)} \tag{2.8}$$

の不定積分を求めてみよう．例えば，

$$\frac{1}{\cos x}, \qquad \frac{\sin x}{1+\sin x + \cos x}$$

などである．開区間 $(-\pi/2, \pi/2)$ で考察しよう．まず，$x = 2\operatorname{Arctan} r$ とすると，

$$r = \tan \frac{x}{2} \tag{2.9}$$

であり，

$$\frac{dx}{dr} = \frac{2}{1+r^2} \tag{2.10}$$

となる．三角関数の加法定理から，

$$\begin{aligned}
\tan x &= \frac{2\tan\dfrac{x}{2}}{1-\left(\tan\dfrac{x}{2}\right)^2} = \frac{2r}{1-r^2} \\
\cos x &= 2\left(\cos\dfrac{x}{2}\right)^2 - 1 = \frac{1-r^2}{1+r^2} \\
\sin x &= \cos x \tan x = \frac{2r}{1+r^2}
\end{aligned} \tag{2.11}$$

となる．置換積分法（参考資料 (9)-(a) 参照）より，

$$\int \frac{A(\cos x, \sin x)}{B(\cos x, \sin x)} dx = \int \frac{A\left(\dfrac{1-r^2}{1+r^2}, \dfrac{2r}{1+r^2}\right)}{B\left(\dfrac{1-r^2}{1+r^2}, \dfrac{2r}{1+r^2}\right)} \frac{2}{1+r^2} dr$$

が成り立つ．したがって，次の命題を得る．

命題 2.3　(2.8) のような三角関数を含む関数 $f(x)$ の不定積分は，定理 2.1 に述べた分数関数の不定積分を求めることで得られる．

例題 2.5　関数 $f(x) = 1/\cos x$ の不定積分を求めよ．

解答例　命題 2.3 より，$r = \tan(x/2)$ とおけば，

$$\int \frac{1}{\cos x}\, dx = \int \frac{1}{\frac{1-r^2}{1+r^2}} \frac{2}{1+r^2}\, dr = \int \frac{2}{1-r^2}\, dr$$

$$= \int \left(\frac{1}{1+r} + \frac{1}{1-r}\right) dr = \log\left|\frac{1+r}{1-r}\right| + C$$

$$= \log\left|\frac{r^2+1+2r}{1-r^2}\right| + C = \log\left|\frac{1}{\cos x} + \tan x\right| + C$$

となる．（解答終わり）

今度は，関数

$$f(x) = \frac{A(x, \sqrt{ax^2+bx+c})}{B(x, \sqrt{ax^2+bx+c})} \tag{2.12}$$

の不定積分を求めてみよう（$a, b, c \in \mathbf{R}, a \neq 0$）．定義域は

$$I = \{\, x \in \mathbf{R} \,|\, ax^2 + bx + c > 0 \,\}$$

とする．もちろん，定義域 I は空集合でない場合のみを考える．例えば，$f(x) = 1/\sqrt{1+x+x^2}$ などである．さて，

$$ax^2 + bx + c = \frac{a}{|a|}\left(\sqrt{|a|}\, x + \frac{b\sqrt{|a|}}{2a}\right)^2 + \left(c - \frac{b^2}{4a}\right)$$

であるから，

$$s = \sqrt{|a|}\, x + \frac{b\sqrt{|a|}}{2a}, \qquad k = \sqrt{\left|c - \frac{b^2}{4a}\right|}$$

とおけば，
$$x = \frac{s}{\sqrt{|a|}} - \frac{b}{2\sqrt{|a|}}, \qquad ax^2 + bx + c = \varepsilon s^2 + \delta k^2$$
となる．ただしここで，$\varepsilon = \pm 1$, $\delta = \pm 1$, $k \geq 0$ である．置換積分法（参考資料 (9)-(a) 参照）から，

$$\int \frac{A(x, \sqrt{ax^2 + bx + c})}{B(x, \sqrt{ax^2 + bx + c})} dx = \int \frac{A\left(\dfrac{s}{\sqrt{|a|}} - \dfrac{b}{2\sqrt{|a|}}, \sqrt{\varepsilon s^2 + \delta k^2}\right)}{B\left(\dfrac{s}{\sqrt{|a|}} - \dfrac{b}{2\sqrt{|a|}}, \sqrt{\varepsilon s^2 + \delta k^2}\right)} \frac{ds}{\sqrt{|a|}} \tag{2.13}$$

となる．

定義域 I は空集合でないので，結局，$\sqrt{ax^2 + bx + c}$ が次の 3 式

$$(1)\ \sqrt{s^2 + k^2}, \qquad (2)\ \sqrt{s^2 - k^2}, \qquad (3)\ \sqrt{k^2 - s^2} \tag{2.14}$$

のいずれかの場合に，(2.13) の右辺の不定積分が求まればよいことがわかった ($k \geq 0$)．まず，$k = 0$ の場合は，(2.13) より，定理 2.1 に帰着できる．そこで，$k > 0$ とする．(2.14) の 3 つの場合に応じ，それぞれ，

$$(1) \quad s = k\tan r \qquad \left(-\frac{\pi}{2} < r < \frac{\pi}{2}\right)$$
$$(2) \quad s = \frac{k}{\cos r} \qquad \left(0 < r < \pi,\ r \neq \frac{\pi}{2}\right)$$
$$(3) \quad s = k\sin r \qquad \left(-\frac{\pi}{2} < r < \frac{\pi}{2}\right)$$

とおく．そうすれば，(1) の場合は，

$$\sqrt{s^2 + k^2} = k\sqrt{(\tan r)^2 + 1} = \sqrt{\frac{k^2}{(\cos r)^2}} = \frac{k}{\cos r}, \quad \frac{ds}{dr} = \frac{k}{(\cos r)^2}$$

であり，(2) の場合は，

$$\sqrt{s^2 - k^2} = \sqrt{(k\tan r)^2} = k\tan r, \quad \frac{ds}{dr} = k\frac{\sin r}{(\cos r)^2}$$

であり，(3) の場合は，

$$\sqrt{k^2 - s^2} = \sqrt{(k\cos r)^2} = k\cos r, \quad \frac{ds}{dr} = k\cos r$$

となる．いずれの場合も，命題 2.3 にしたがって定理 2.1 に帰着できる．ただし，(2) の場合は，$\tan r > 0$ と $\tan r < 0$ に分けて考える．以上をまとめて，

命題 2.4 (2.12) の関数の不定積分は，分数関数のそれを求めることに帰着できる．

例題 2.6 関数 $f(x) = 1/\sqrt{1 + x + x^2}$ の不定積分を求めよ．

解答例 $x^2 + x + 1 = (x + 1/2)^2 + (\sqrt{3}/2)^2$ であるから，$s = x + 1/2$, $k = \sqrt{3}/2$ とおく．そうすれば，(2.13) より，

$$\int \frac{1}{\sqrt{1 + x + x^2}} dx = \int \frac{1}{\sqrt{s^2 + k^2}} ds$$

となる．これは (2.14) の (1) の場合であるから，$s = k\tan r$ とおけば，

$$\int \frac{1}{\sqrt{s^2 + k^2}} ds = \int \frac{\cos r}{k} \frac{k}{(\cos r)^2} dr = \int \frac{1}{\cos r} dr$$

となる．例題 2.5 より，結局，

$$\begin{aligned}
\int \frac{1}{\sqrt{1 + x + x^2}} dx &= \log\left|\frac{1}{\cos r} + \tan r\right| + C \\
&= \log\left|\sqrt{1 + (\tan r)^2} + \tan r\right| + C \\
&= \log\left|\sqrt{1 + \left(\frac{s}{k}\right)^2} + \frac{s}{k}\right| + C \\
&= \log\left|\frac{\sqrt{x^2 + x + 1} + x + 1/2}{\sqrt{3}/2}\right| + C
\end{aligned}$$

を得る．(解答終わり)

注意 2.1 表 2.1 の結果を定義 1.1（16 ページ）に組み入れると次のようにまとめることができる．

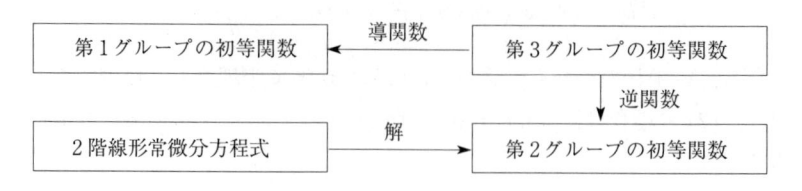

```
┌─────────────────────┐   導関数   ┌─────────────────────┐
│ 第1グループの初等関数 │◀─────────│ 第3グループの初等関数 │
└─────────────────────┘           └─────────────────────┘
                                            │ 逆関数
                                            ▼
┌─────────────────────┐   解      ┌─────────────────────┐
│ 2階線形常微分方程式   │─────────▶│ 第2グループの初等関数 │
└─────────────────────┘           └─────────────────────┘
```

演習問題

[A]

問題 2.1 閉区間 $I = [-1, 1]$ を定義域とする逆余弦関数 $\text{Arccos}\, x$ の導関数 $(\text{Arccos}\, x)'$ を例題 2.2 にならって求めよ．

問題 2.2 R を定義域とする次の関数 $f(x)$ の不定積分を求めよ（$b > 0, n > 2$）．
$$f(x) = \frac{1}{(x^2+b^2)^n} - \frac{2n-3}{2n-2}\frac{1}{(x^2+b^2)^{n-1}}$$

問題 2.3 次の関数の不定積分を求めよ．
(1) $\dfrac{2x-5}{(x+3)(x+1)^2}$ (2) $\dfrac{x}{1+x+x^2+x^3}$ (3) $\dfrac{\sin x}{1+\sin x + \cos x}$
(4) $\dfrac{1}{(\sin x)(\cos x)}$ (5) $\dfrac{1}{\sqrt{-x^2+3x-2}}$ (6) $\dfrac{1}{x\sqrt{x^2+1}}$

問題 2.4 2つの文字 x, y の多項式 $A(x, y), B(x, y)$ について，関数
$$f(x) = \frac{A(x, ((ax+b)/(cx+d))^{\frac{1}{n}})}{B(x, ((ax+b)/(cx+d))^{\frac{1}{n}})}$$
の不定積分は，
$$t = \left(\frac{ax+b}{cx+d}\right)^{\frac{1}{n}}$$
とおけば，定理 2.1 に帰着できることを示せ．

第3章 数列の極限

3.1 有界数列に関する基本事実の導入

数列の収束について,高校数学の感覚的な定義は次のようなものだった.

定義 3.1 数列 $\{a_n\}$ において,n を限りなく大きくするとき,a_n が一定の値 A に限りなく近づくならば,この数列 $\{a_n\}$ は A に**収束する**,または $\{a_n\}$ の**極限**は A であるといい,

$$\lim_{n\to\infty} a_n = A$$

と書く.このとき,A を数列 $\{a_n\}$ の**極限値**という.

例えば,$a_n = 1/n$ とすれば,

$$\lim_{n\to\infty} \frac{1}{n} = 0 \tag{3.1}$$

である.また,実数 $r\ (0 \leq r < 1)$ について $a_n = r^n$ とすれば,

$$\lim_{n\to\infty} r^n = 0 \tag{3.2}$$

であることを学んだ.さらに,この定義 3.1 に基づき,次に述べる事実 (参考資料 (1)) を感覚的な説明で納得し,使用してきた.

命題 3.1 $\lim_{n\to\infty} a_n = A, \lim_{n\to\infty} b_n = B$ とし,c を実数とする.このとき,次が成り立つ.

(1) $\lim_{n\to\infty}(a_n+b_n)=A+B$
(2) $\lim_{n\to\infty}ca_n=cA$
(3) $\lim_{n\to\infty}a_nb_n=AB$
(4) $B\neq 0$ のとき，$\lim_{n\to\infty}\dfrac{a_n}{b_n}=\dfrac{A}{B}$
(5) すべての n について $a_n\leq b_n$ ならば，$A\leq B$
(6) すべての n について $a_n\leq c_n\leq b_n$ かつ $A=B$ ならば，数列 $\{c_n\}$ も収束して，$\lim_{n\to\infty}c_n=A$

　この命題をもとに，関数 $f(x)$ の極限や導関数 $f'(x)$ などが導入され，参考資料の諸事実が説明され，それらを自由に使ってきたことと思う．本書でも，この命題を引き続き有効に使おう．

　ところで，数列 $\{a_n\}$ が与えられたとき，これがある極限値に収束するかどうか判定できるであろうか？　高校では，直観により容易に極限値が求まる数列を学んだわけであるが，今後は，論理的な道筋で判定しなければならないことがたびたび起こる．問題の難しさは，この定義において必要となる極限値 A の候補すら予測できない場合が多いことである．実は，極限値の候補を知ることなく，数列 $\{a_n\}$ が，ともかくある未知の極限値に収束するかどうか判定できる場合がある．そのなかで最も使いやすく有用なのが次の事実である．これを正しいものとして新たに導入し，以下，自由に使うことにする．

基本事実 3.1　　数列 $\{a_n\}$ は，適当に実数 M を選べば，任意の番号 n について，$a_n\leq a_{n+1}<M$ となるとする（以下，この条件を満たす数列を**上に有界**な**単調増加数列**とよぶ）．このとき，数列 $\{a_n\}$ は，ある実数 A に収束する．さらに，任意の番号 n について，$a_n\leq A\leq M$ となる．

　また本書では，しばしば次の補題を使うことになる（証明は例題3.2参照）．

補題 3.1　　数列 $\{a_n\}$ が $\lim_{n\to\infty}a_n=0$ であるとき，適当に正数 K を選べば，すべての番号 n について $|a_n|<K$ となる．

これらの事実（命題 3.1，基本事実 3.1，補題 3.1）を正しいものとして自由に使うことが了解できる読者は，この節以後の第 3 章の残りは読み急いでもらってもかまわない．なぜなら，本書を通して使う事実で高校の微積分にない新しい事実は，基本事実 3.1 だけであるからである．

一方，そうでない読者には，これらの事実を論理的な説明で納得してもらう必要がある．次の節からその作業を始める．

いままで扱った数列 $\{a_n\}$ は，すべての a_n が実数であった．以下，本書では，数列 $\{a_n\}$ は a_n が複素数でもよいものとする．これを，**複素数の数列**とよび，複素数の全体を $\mathbf{C}$ と表す．

定義 3.2 複素数の数列 $\{c_n\}$ が，

$$c_n = a_n + i b_n \quad (a_n, b_n は実数)$$

と表され，$\lim_{n\to\infty} a_n = A$, $\lim_{n\to\infty} b_n = B$ ならば，この数列 $\{c_n\}$ は $C = A + iB$ に収束する，または $\{c_n\}$ の極限は C であるといい，このことを記号で次のように書き表す．

$$\lim_{n\to\infty} c_n = C$$

このとき，C を数列 $\{c_n\}$ の極限値といい，数列 $\{c_n\}$ を**収束数列**とよぶ．

3.2 極限の定義の言い換え

定義 3.1 は，感覚的な扱いには便利だが，論理的な扱いには向いていない．この定義において，「a_n が一定の値 A に限りなく近づく」は，「a_n と一定の値 A の差の絶対値 $|a_n - A|$ が限りなく 0 に近づく」と言い換えると，すこし論理的になる．物理や工学の世界では，実数 a が 0 に近いとき，その近さの尺度として，有効数字 p 桁で 0 であるという言い方をする．これは数学的には，

$$|a| < 10^{-p}$$

を意味する．そこで，この定義を言い換えて，新たに論理的な定義を採用する．

定義 3.3　数列 $\{a_n\}$ において，任意の自然数 p について（p がどんなに大きくとも），自然数 l を適当に（十分大きく）選べば，$n \geq l$ のとき，対応する a_n が不等式 $|a_n - A| < 10^{-p}$ を満たす限り，この数列 $\{a_n\}$ は A に**収束する**，または $\{a_n\}$ の**極限**は A であるといい，

$$\lim_{n\to\infty} a_n = A$$

と書く．このとき，A を数列 $\{a_n\}$ の**極限値**という．

　感覚的な定義 3.1 の代わりに，この新たな定義を採用すれば，論理的な説明ができる（すなわち**証明できる**）．例えば，

$$\lim_{n\to\infty} \frac{1}{n} = 0$$

であることを，新しい定義を使って論理的に説明しよう．任意に自然数 p を選ぶ．$l = 10^p + 1$ とおくと，l は自然数であり，任意の自然数 $n \geq l$ について，

$$\left|\frac{1}{n} - 0\right| = \frac{1}{n} \leq \frac{1}{l} < 10^{-p}$$

となるから，

$$\lim_{n\to\infty} \frac{1}{n} = 0$$

であることが証明できた．

　次に，$0 < r < 1$ であれば，

$$\lim_{n\to\infty} r^n = 0$$

であることを，論理的に説明しよう．

　任意に自然数 p を選ぶ．$0 < r < 1$ であるから，

$$M = \frac{1}{r} - 1$$

とおけば，$M > 0$ であるから，任意の自然数 n に対して，二項定理より，

$$\left(\frac{1}{r}\right)^n = (1+M)^n = \sum_{k=0}^{n} \binom{n}{k} M^k \geq 1 + nM$$

である．自然数 q を十分大きく選べば，

$$q > \frac{10^p - 1}{M} \tag{3.3}$$

となる．そこで，$l = q$ とおくと，任意の $n \geq l$ について，

$$|r^n - 0| = r^n \leq (1+nM)^{-1} \leq (1+qM)^{-1} < 10^{-p}$$

となるから，

$$\lim_{n \to \infty} r^n = 0$$

であることが証明できた．

この新しい定義は論理的であるが，この先数学的な議論を積み重ねるにはやや不自由な点があるので，さらに，次の定義に言い換える．

定義 3.4　数列 $\{a_n\}$ において，任意の正の実数 ε について（ε がどんなに小さくとも），自然数 l を適当に（十分大きく）選べば，$n \geq l$ のとき，対応する a_n が不等式 $|a_n - A| < \varepsilon$ を満たす限り，数列 $\{a_n\}$ は A に**収束する**，または $\{a_n\}$ の**極限**は A であるといい，

$$\lim_{n \to \infty} a_n = A$$

と書く．このとき，A を数列 $\{a_n\}$ の**極限値**という．

数列 $\{a_n\}$ が定義 3.4 の意味で A に収束すれば，定義 3.3 の意味でも A に収束する．なぜならば，定義 3.3 は，定義 3.4 で $\varepsilon = 10^{-p}$ の場合にあたるからである．逆に，数列 $\{a_n\}$ が定義 3.3 の意味で A に収束すれば，定義

3.4 の意味でも A に収束することを以下に示しておこう．任意に正の実数 ε を選ぶ．自然数 p を十分大きくとれば，

$$10^p > \frac{1}{\varepsilon} \tag{3.4}$$

となる．定義 3.3 より，適当に自然数 l を選べば，$n \geq l$ のとき，対応する a_n が不等式 $|a_n - A| < 10^{-p}$ を満たす．よって，(3.4) より，$|a_n - A| < \varepsilon$ を満たす．したがって，数列 $\{a_n\}$ は定義 3.4 の意味で A に収束することが示された．

3.3 極限の基本的性質

新しい定義 3.4 をもとに，いろいろな事実が論理的に証明できる．

例題 3.1 数列 $\{a_n\}$ がある極限値 A に収束するための必要十分条件は，$b_n = |a_n - A|$ とするとき，$\lim_{n \to \infty} b_n = 0$ となることである．

解答例 まず，$\lim_{n \to \infty} b_n = 0$ としよう．定義 3.4 より，任意の正の実数 ε に対して，自然数 l を適当に選べば，$n \geq l$ のとき，対応する b_n が不等式 $|b_n| < \varepsilon$ を満たす．すなわち，$n \geq l$ のとき，対応する a_n が不等式 $|a_n - A| < \varepsilon$ を満たすので，定義 3.4 より $\lim_{n \to \infty} a_n = A$ となる．逆に $\lim_{n \to \infty} a_n = A$ としよう．定義 3.4 によれば，任意の正の実数 ε に対して，自然数 l を適当に選べば，$n \geq l$ のとき対応する a_n が不等式 $|a_n - A| < \varepsilon$ を満たす．すなわち，$n \geq l$ のとき，対応する b_n が不等式 $|b_n| < \varepsilon$ を満たすので，定義 3.4 より，$\lim_{n \to \infty} b_n = 0$ となる．（解答終わり）

例題 3.2 補題 3.1 を示せ．

解答例 仮定より，$\lim_{n \to \infty} a_n = 0$ であるから，定義 3.4 において $\varepsilon = 1$ とおき，適当に l を選べば，$n \geq l$ のとき，対応する a_n が $|a_n| < 1$ を満たす．ここで，正数 K を $|a_1|, |a_2|, \cdots, |a_{l-1}|, 1$ のいずれよりも大きく選べばよい．（解答終わり）

例題 3.3 命題 3.1 の (1)(2)(3) を定義 3.4 に基づき証明せよ．

解答例 (1) 任意に正の実数 ε を選ぶ．$\lim_{n\to\infty} a_n = A$, $\lim_{n\to\infty} b_n = B$ であるから，$\varepsilon/2$ について自然数 l_1 と l_2 を適当に選べば，$n \geq l_1$ のとき，対応する a_n が不等式 $|a_n - A| < \varepsilon/2$ を満たし，$n \geq l_2$ のとき，対応する b_n が不等式 $|b_n - B| < \varepsilon/2$ を満たす．自然数 l を l_1 と l_2 の大きい方の自然数とすれば，$n \geq l$ のとき，対応する $a_n + b_n$ が不等式

$$|(a_n + b_n) - (A + B)| \leq |a_n - A| + |b_n - B| < \frac{\varepsilon}{2} + \frac{\varepsilon}{2} = \varepsilon$$

を満たす．

(2) 実数 c が 0 であれば，主張は明らかに正しいから，$c \neq 0$ と仮定する．任意に正の実数 ε を選ぶ．$\lim_{n\to\infty} a_n = A$ であるから，$\varepsilon/|c|$ について自然数 l を適当に選べば，$n \geq l$ のとき，対応する a_n が不等式 $|a_n - A| < \varepsilon/|c|$ を満たす．したがって，$n \geq l$ のとき，対応する ca_n が不等式

$$|ca_n - cA| = |c||a_n - A| < |c|\frac{\varepsilon}{|c|} = \varepsilon$$

を満たす．

(3) 任意に正の実数 ε を選ぶ．$B \neq 0$ のとき正の実数 r を $r < |B|$, $r(|A| + 2|B|) < \varepsilon$ となるように選ぶ．$\lim_{n\to\infty} a_n = A$, $\lim_{n\to\infty} b_n = B$ であるから，r について自然数 l_1 と l_2 を適当に選べば，$n \geq l_1$ のとき，対応する a_n が不等式 $|a_n - A| < r$ を満たし，$n \geq l_2$ のとき，対応する b_n が不等式 $|b_n - B| < r$（特に，$|b_n| < |B| + r < 2|B|$）を満たす．自然数 l を l_1 と l_2 の大きい方の自然数とすれば，$n \geq l$ のとき，

$$\begin{aligned}|a_n b_n - AB| &= |(a_n - A)b_n + A(b_n - B)| \\ &\leq |a_n - A||b_n| + |A||b_n - B| \\ &< r(|B| + r) + |A|r < r(|A| + 2|B|) \\ &< \varepsilon\end{aligned}$$

を満たす．$B = 0$ なら明らかである．（解答終わり）

注意 3.1　定義 3.4 において，自然数 l は ε に依存して適当に選ばれるが，ただ 1 通りの選び方があるわけではない．$l = l_1$ と選ばれたとすると，$l_2 > l_1$ となる任意の自然数 l_2 についても $l = l_2$ と選ぶことができる．

数列 $\{a_n\}$ についての記号

$$\lim_{n \to \infty} a_n = \infty, \quad \lim_{n \to \infty} a_n = -\infty$$

を定義 3.4 に対応して次のように定義する．

定義 3.5　数列 $\{a_n\}$ において，
(1) 任意の実数 M について自然数 l を適当に選べば，$n \geq l$ のとき，対応する a_n が不等式 $a_n > M$ を満たす限り，この数列 $\{a_n\}$ は ∞ に**発散する**[1]といい，このことを記号で次のように書き表す．

$$\lim_{n \to \infty} a_n = \infty$$

(2) 任意の実数 M について，自然数 l を適当に選べば，$n \geq l$ のとき，対応する a_n が不等式 $a_n < M$ を満たす限り，この数列 $\{a_n\}$ は $-\infty$ に**発散する**といい，このことを記号で次のように書き表す．

$$\lim_{n \to \infty} a_n = -\infty$$

例題 3.4　数列 $\{a_n\}$ について，$\lim_{n \to \infty} a_n = \infty$ または $\lim_{n \to \infty} a_n = -\infty$ であれば，$\lim_{n \to \infty} 1/a_n = 0$ を示せ．

解答例　$\lim_{n \to \infty} a_n = \infty$ の場合を示す．任意に正の実数 ε を選ぶ．番号 l を適当に選べば，$n \geq l$ のとき $a_n > 1/\varepsilon$ を満たす．したがって，$0 < |1/a_n| < \varepsilon$ となる．よって，$\lim_{n \to \infty} 1/a_n = 0$ となる．（解答終わり）

---

[1] ∞ を $+\infty$ と書くこともある．

3.4 複素数の数列

複素数 $c = a + ib$ について，$\sqrt{a^2 + b^2}$ をその絶対値とよび，$|c|$ で表す．例えば，$|2 + 3i| = \sqrt{2^2 + 3^2} = \sqrt{13}$ である．これを使うと定義 3.2 を次のように言い換えることができる．

定義 3.6 複素数の数列

$$c_0, c_1, c_2, \cdots, c_n, \cdots\cdots$$

が，

$$\lim_{n \to \infty} |c_n - C| = 0$$

を満たすならば，この数列 $\{c_n\}$ は C に**収束**する，または $\{c_n\}$ の**極限**は C になるといい，このことを記号で次のように表す．

$$\lim_{n \to \infty} c_n = C$$

このとき，C を数列 $\{c_n\}$ の**極限値**という．

例題 3.5 複素数の数列 $\{c_n\}$ が極限値 C に収束するための必要十分条件は，

$$c_n = a_n + i\, b_n, \quad C = A + iB \quad (a_n, b_n, A, B \text{ は実数})$$

とおくとき，$\lim_{n \to \infty} a_n = A, \lim_{n \to \infty} b_n = B$ となることである．

解答例 絶対値の定義から，$|c_n - C|^2 = |a_n - A|^2 + |b_n - B|^2$ であり，

$$0 \leq |c_n - C| \leq |a_n - A| + |b_n - B|$$
$$0 \leq |a_n - A| \leq |c_n - C|$$
$$0 \leq |b_n - B| \leq |c_n - C|$$

となる．命題 3.1 の (6) より，主張を証明できる．(解答終わり)

演習問題

[A]

問題 3.1 命題 3.1 の (4) を定義 3.4 に基づき証明せよ．

問題 3.2 命題 3.1 の (5) を定義 3.4 に基づき証明せよ．

問題 3.3 $\lim_{n\to\infty} a_n = A$ とするとき，
$$\lim_{n\to\infty} \frac{a_1 + a_2 + \cdots + a_n}{n} = A$$
となることを証明せよ．

[B]

問題 3.4 (1) 基本事実 3.1 を使って，研究課題 1 のアルキメデスの原理と区間縮小法の原理を証明せよ．
(2) 研究課題 1 の定理 3.1 を証明せよ．
(3) 研究課題 1 の定理 3.2 を証明せよ．

研究課題 1　基本事実の解説

基本事実 3.1 は，次の 2 つの基本事実から証明できる．

基本事実 3.2 (アルキメデスの原理)　任意の正の実数 x に対して，適当に自然数 n を選べば，$n > x$ となる．

基本事実 3.3 (区間縮小法の原理)　数列 $\{a_n\}, \{b_n\}$ が任意の自然数 n について $a_n \leq a_{n+1} \leq b_{n+1} \leq b_n$ とする．このとき，適当に実数 c を選べば，任意の自然数 n に対して，$a_n \leq c \leq b_n$ となる．

基本事実 3.1 の証明　各自然数 k について，実数 b_k, c_k と自然数 $h(k)$ を，次のように定める．$(a_0 + M)/2$ 以上の項 a_n がないときは，

$$b_1 = a_0, \quad c_1 = \frac{a_0 + M}{2}, \quad h(1) = 1$$

とおく．そうでないときは，ある自然数 $h(1)$ をとれば，

$$a_{h(1)} \geq \frac{a_0 + M}{2}$$

となる．

$$b_1 = \frac{a_0 + M}{2}, \quad c_1 = M$$

とおく．さて，k まで定めることができたとする．$(b_k + c_k)/2$ 以上の項 a_n がないときは，

$$b_{k+1} = b_k, \quad c_{k+1} = \frac{b_k + c_k}{2}, \quad h(k+1) = h(k)$$

とおく．そうでないときは，ある自然数 $h(k+1)$ をとれば，

$$a_{h(k+1)} \geq \frac{b_k + c_k}{2}$$

となる．

$$b_{k+1} = \frac{b_k + c_k}{2}, \quad c_{k+1} = c_k$$

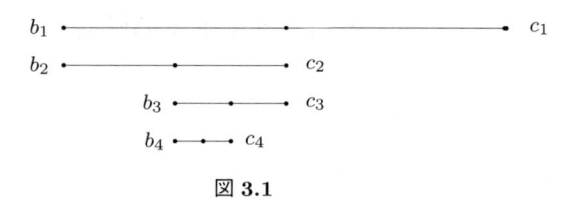

```
b₁ •————————•————————————————• c₁
 b₂ •————————————————• c₂
    b₃ •————————• c₃
      b₄ •———• c₄
```

図 **3.1**

とおく．定義の仕方より，

$$a_1 \leq b_1 \leq b_2 \leq \cdots \leq b_n \leq \cdots \leq c_n \leq \cdots \leq c_2 \leq c_1 \leq M \tag{3.5}$$

であり，任意の $n \geq h(k)$ について，

$$b_k \leq a_n \leq c_k, \quad 0 < c_k - b_k = (M - a_1)/2^k \tag{3.6}$$

である．(3.5) に注意して，区間縮小法の原理より適当に実数 A を選べば，任意の自然数 n に対して，$b_n \leq A \leq c_n$ となる．特に，$n \geq h(k)$ であれば，

$$|a_n - A| \leq |c_k - b_k| = \frac{M - a_1}{2^k} \tag{3.7}$$

となる．任意に正の実数 ε を選ぶ．アルキメデスの原理により，適当に自然数 k を選べば，$(M - a_1)/\varepsilon - 1 < k$ となる．特に，

$$\frac{M - a_1}{\varepsilon} < 1 + k < 2^k \tag{3.8}$$

であることに注意する．そこで，$l = h(k)$ とおくと，任意の自然数 $n > l$ について，(3.7) と (3.8) により，

$$|a_n - A| \leq |b_k - c_k| = \frac{M - a_1}{2^k} < \varepsilon$$

となる．以上から，$\lim_{n \to \infty} a_n = A$ であることが証明できた．一方，任意の自然数 k について，$n \geq k$ であれば $a_k \leq a_n \leq M$ であるから，命題 3.1 の (5) より，$a_k \leq A \leq M$ となる．(証明終わり)

例題 3.6 アルキメデスの原理と区間縮小法の原理が成り立つとして，基本事実 3.1 を証明したが，逆に基本事実 3.1 が成り立つとすると，アルキメデスの原理と区間縮小法の原理を証明できる (演習問題 3.4(1))．

第 4 章の研究課題 2 で用いる便利な定理を，参考のためにここに述べる．

自然数 n に，自然数 $h(n)$ を対応させる関数 $h(n)$ が，$m < n$ である限り $h(m) < h(n)$ を満たすとき，数列 $\{a_n\}$ に対し，$b_n = a_{h(n)}$ により定まる数列 $\{b_n\}$ を $\{a_n\}$ の **部分列** という．

定理 3.1 実数の数列 $\{a_n\}$ が，適当に正の実数 M を選べば，すべての番号 n について $|a_n| < M$ となるとする．このとき，適当な部分列 $\{b_n\}$ はある極限値 A に収束する．

定理 3.2 数列 $\{a_n\}$ が収束数列であるための必要十分条件は，

$$\lim_{m,n\to\infty} |a_m - a_n| = 0 \tag{3.9}$$

となることである．ただし，この式の意味は，任意の正の実数 ε について（ε がどんなに小さくとも），自然数 l を適当に選べば，$m, n \geq l$ のとき対応する a_m, a_n が不等式 $|a_n - a_m| < \varepsilon$ を満たすこととする．

(3.9) を満たす数列を **コーシー列** という．

第4章　関数の極限

4.1　関数の極限

関数の極限について，高校数学の感覚的な定義は次のようなものだった．

定義 4.1　関数 $f(x)$ において，変数 x が <u>a と異なる値をとりながら</u> a に限りなく近づくとき，$f(x)$ の値が一定の値 A に限りなく近づくならば，A を x が a に近づくときの関数 $f(x)$ の **極限値** または **極限** といい，記号で次のように書き表す．

$$\lim_{x \to a} f(x) = A$$

数列の場合と同様に，高校数学では，この定義に基づき，関数の極限値について次のことが成り立つことを感覚的な説明で納得し，実際に使用してきた．

命題 4.1　$\lim_{x \to a} f(x) = A, \lim_{x \to a} g(x) = B$ とし，k を実数とする．このとき，次が成り立つ．

(1) $\displaystyle\lim_{x \to a}(f(x) + g(x)) = A + B$
(2) $\displaystyle\lim_{x \to a} k f(x) = k A$
(3) $\displaystyle\lim_{x \to a} f(x) g(x) = A B$
(4) $B \neq 0$ のとき，$\displaystyle\lim_{x \to a} \frac{f(x)}{g(x)} = \frac{A}{B}$
(5) すべての $a < x < b$ について，$f(x) \leq g(x)$ ならば $A \leq B$
(6) すべての $a < x < b$ について，$f(x) \leq h(x) \leq g(x)$ でかつ $A = B$ ならば，関数 $h(x)$ も x が a に近づくとき極限をもち，$\displaystyle\lim_{x \to a} h(x) = A$

この命題を使い，

$$\lim_{x \to 0} \frac{\sin x}{x} = 1$$

なる事実が証明されたことを思い出してもらいたい．また，この事実は定義 4.1 の下線部の条件が真に必要であることを示す．関数 $\sin x/x$ は $x = 0$ で定義されないからである．第 3 章で，数列の極限について，高校で使った感覚的な定義 3.1 に代わり，新しい定義 3.4 をもとにすれば，命題 3.1 [1]を論理的に証明できることを解説した．関数の極限についても，定義 4.1 を次のように論理的な定義に言い換える．

定義 4.2 開区間 (b, c) と実数 a を $b < a < c$ となるように選ぶ．ただし，$-\infty \leq b < c \leq \infty$ とする．

(1) 関数 $f(x)$ は，a を除いて開区間 (b, c) 上で定義されているとする[2]．ある実数 A を適当に選べば，開区間 (b, c) 内の数列 $\{a_n\}$ が，$a_n \neq a$ かつ $\lim_{n \to \infty} a_n = a$ である限り，$\lim_{n \to \infty} f(a_n) = A$ となるとき，この A を x が a に近づくときの関数 $f(x)$ の**極限値**または**極限**といい，記号で次のように書き表す．

$$\lim_{x \to a} f(x) = A$$

(2) 関数 $f(x)$ は開区間 (b, c) 上で定義されているとする．ある実数 A を適当に選べば，開区間 (b, c) 内の数列 $\{a_n\}$ が，$a_n \leq a_{n+1}$ かつ $\lim_{n \to \infty} a_n = c$ である限り[3]，$\lim_{n \to \infty} f(a_n) = A$ となるとき，x が左から c に近づくときの $f(x)$ の極限が A であるといい，記号で次のように書き表す．

$$\lim_{x \nearrow c} f(x) = A$$

---

1) 参考資料 の (1) を参照．
2) $x = a$ で定義されていても，いなくてもよい．
3) $c = \infty$ のときは定義 3.5 (38 ページ) を参照．

(3) 関数 $f(x)$ は開区間 (b,c) 上で定義されているとする．ある実数 A を適当に選べば，開区間 (b,c) 内の数列 $\{a_n\}$ が，$a_n \geq a_{n+1}$ かつ $\lim_{n\to\infty} a_n = b$ である限り，$\lim_{n\to\infty} f(a_n) = A$ となるとき，x が右から b に近づくときの $f(x)$ の極限が A であるといい，記号で次のように書き表す．

$$\lim_{x\searrow b} f(x) = A$$

この定義は，本質的に数列の極限のみで定義されているから，命題 3.1 (31 ページ) により命題 4.1 は簡単に証明できる．

例題 4.1　命題 4.1 を証明せよ．

解答例　開区間 (b,c) 内の数列 $\{a_n\}$ が，$a_n \neq a$ かつ $\lim_{n\to\infty} a_n = a$ となるとする．このとき，$\lim_{n\to\infty} f(a_n) = A$，$\lim_{n\to\infty} g(a_n) = B$ より，(1) から (6) は，命題 3.1 よりわかる．(解答終わり)

$\lim_{x\nearrow a} f(x) = A$, $\lim_{x\nearrow a} g(x) = B$，または，$\lim_{x\searrow a} f(x) = A$, $\lim_{x\searrow a} g(x) = B$ の場合もまったく同じことが成り立つ．

4.2　連続関数

まず，高校数学で学んだ連続関数に関する定義と事実を復習する．

定義 4.3　開区間 (b,c) で定義された関数 $f(x)$ において，その定義域の点 $x = a$ に対して，極限値 $\lim_{x\to a} f(x)$ が存在し，かつ，

$$\lim_{x\to a} f(x) = f(a)$$

のとき，$f(x)$ は $x = a$ で**連続**であるという．また，すべての x で連続であるとき，関数 $f(x)$ を**連続関数**とよぶ．閉区間 $[b,c]$ で定義された関数 $f(x)$ が連続関数であるとは，(b,c) の上で連続であり，かつ，

$$\lim_{x\nearrow c} f(x) = f(c), \qquad \lim_{x\searrow b} f(x) = f(b)$$

となることである．

命題 4.1 より，参考資料 の (3) の事実を，高校での議論に比べて論理的に導くことができる．

命題 4.2　開区間 (b, c) で定義された関数 $f(x), g(x)$ が定義域の点 $x = a$ で連続ならば，次の各関数もまた $x = a$ で連続である．

(1) $h\, f(x) + k\, g(x)$　　　（ただし，h, k は定数）
(2) $f(x)\, g(x)$
(3) $\dfrac{f(x)}{g(x)}$　　　（ただし，$g(a) \neq 0$）

証明　(2) を例として証明しよう．なお，他も同様に証明できる．

$$\lim_{x \to a} f(x) = f(a), \qquad \lim_{x \to a} g(x) = g(a)$$

であるから，命題 4.1 の (3) より，

$$\lim_{x \to a} (f(x)\, g(x)) = f(a)\, g(a)$$

を得る．したがって，関数 $f(x)\, g(x)$ は $x = a$ で連続である．(証明終わり)

連続関数について，参考資料 の (4) と (5) が重要であり，本書でもそれを引き続き自由に使う[4]．

基本事実 4.1 (中間値の定理)　関数 $f(x)$ が閉区間 $[a, b]$ で連続で，$f(a) \neq f(b)$ ならば，$f(a)$ と $f(b)$ の間の任意の値 k について，

$$f(c) = k \quad (a < c < b)$$

を満たす c が少なくとも 1 つある．

基本事実 4.2　有界な閉区間で連続な関数は，その閉区間で最大値および最小値をとる．

---
[4] これらの論理的説明について興味ある読者は，研究課題 2 を参照．

4.3 導関数

次に，高校数学で学んだ導関数の定義と事実を復習する．

定義 4.4 ある実数 A を適当に選べば，

$$\lim_{x \to a} \frac{f(x) - f(a)}{x - a} = A \tag{4.1}$$

となるとき，関数 $f(x)$ は $x = a$ で**微分可能**であるといい，A を $f(x)$ の $x = a$ における**微係数**とよび，A を $f^{(1)}(a)$ と表す[5]．(4.1) の代わりに，高校では，

$$\lim_{h \to 0} \frac{f(a+h) - f(a)}{h} = A$$

と述べることもある．

命題 4.1 より，参考資料 の (6) の事実を，高校での議論に比べて論理的に導くことができる．

命題 4.3 (導関数の公式)
(1) $(f(x) + g(x))^{(1)} = f^{(1)}(x) + g^{(1)}(x)$
(2) $(af(x))^{(1)} = af^{(1)}(x)$ （ただし，a は定数）
(3) $\{f(x)\,g(x)\}^{(1)} = f^{(1)}(x)\,g(x) + f(x)\,g^{(1)}(x)$
(4) $\left\{\dfrac{f(x)}{g(x)}\right\}^{(1)} = \dfrac{f^{(1)}(x)\,g(x) - f(x)\,g^{(1)}(x)}{(g(x))^2}$
(5) $g(x) = \{f(u(x))\}$ のとき，$g^{(1)}(x) = f^{(1)}(u(x))\,u^{(1)}(x)$
(6) $g(x) = f^{-1}(x)$ のとき，$g^{(1)}(x) = \dfrac{1}{f^{(1)}(g(x))}$
(7) p が実数のとき，$(x^p)^{(1)} = p\,x^{p-1}$

例題 4.2 $f(x)$ が $x = c$ で微分可能であれば，$f(x)$ はそこで連続であることを示せ．

---
5) 本書では後の目的があるので，$f'(x)$ を $f^{(1)}(x)$ とも表す．

解答例 定義 4.2 により，
$$\lim_{x \to c}(x-c) = 0$$
である．したがって，命題 4.1 の (3) により，
$$\lim_{x \to c}(f(x) - f(c)) = \lim_{x \to c}\left((x-c)\frac{f(x) - f(c)}{x-c}\right)$$
$$= \left(\lim_{x \to c}(x-c)\right)\left(\lim_{x \to c}\frac{f(x) - f(c)}{x-c}\right) = 0$$
となる．すなわち，$\lim_{x \to c} f(x) = f(c)$ となる．（解答終わり）

例題 4.3 命題 4.3 の (3) を示せ．

解答例 例題 4.2 により，$\lim_{x \to c} g(x) = g(c)$ である．命題 4.1 により，
$$\lim_{x \to c}\frac{f(x)g(x) - f(c)g(c)}{x-c} = \lim_{x \to c}\frac{(f(x) - f(c))g(x) + f(c)(g(x) - g(c))}{x-c}$$
$$= \lim_{x \to c}\left(\frac{f(x) - f(c)}{x-c}g(x) + f(c)\frac{g(x) - g(c)}{x-c}\right)$$
$$= \lim_{x \to c}\frac{f(x) - f(c)}{x-c}\lim_{x \to c}g(x)$$
$$+ f(c)\lim_{x \to c}\frac{g(x) - g(c)}{x-c}$$
$$= f^{(1)}(c)\,g(c) + f(c)\,g^{(1)}(c)$$
となる．（解答終わり）

4.4 ド・ロピタルの法則

次の補題を高校時代の定義 4.1 に基づいて説明するのは難しい．新しい定義 4.2 と，それにより論理的に説明できた命題 4.1 の両者を使うことで，証明が容易になる．

補題 4.1 (ド・ロピタルの法則)　閉区間 $[a,b]$ を含む開区間で連続な関数 $f(x), g(x)$ が (a,b) で微分可能であるとする．さらに，(a,b) 上で

$g(x) \neq 0$, $g^{(1)}(x) \neq 0$ であり, かつ $f(b) = g(b) = 0$ とする. $\lim_{x \to b} f^{(1)}(x)/g^{(1)}(x) = L < \infty$ であれば, $\lim_{x \to b} f(x)/g(x) = L$ である (b を a に代えても同様のことが成り立つ).

証明（第 1 段階）　$a < s < b$ となる任意の実数 s に対して, $s < r < b$ となる実数 r を適当に選べば,

$$\frac{f(s)}{g(s)} = \frac{f^{(1)}(r)}{g^{(1)}(r)}$$

とできることをまず示そう. $h(x) = f(s)g(x) - f(x)g(s)$ とおくと, これは $[s, b]$ で連続関数であり, (s, b) で微分可能である. さらに, $h(s) = h(b) = 0$ である. よって, 参考資料 (8) より, $s < r < b$ となる実数 r を適当に選べば, $h^{(1)}(r) = 0$ を満たす.

（第 2 段階）　(a, b) 内の任意の数列 $\{q_n\}$ が $\lim_{n \to \infty} q_n = b$ となるとする. 任意の番号 n について, 第 1 段階で示したように, 適当に r_n を選ぶと $q_n < r_n < b$ であり, $f(q_n)/g(q_n) = f^{(1)}(r_n)/g^{(1)}(r_n)$ とできる. 命題 3.1 (31 ページ) の (6) より $\lim_{n \to \infty} r_n = b$ となるから,

$$\lim_{n \to \infty} \frac{f(q_n)}{g(q_n)} = \lim_{n \to \infty} \frac{f^{(1)}(r_n)}{g^{(1)}(r_n)} = L$$

である. 数列 $\{q_n\}$ は任意であるから, 定義 4.2 により,

$$\lim_{x \to b} \frac{f(x)}{g(x)} = L$$

となる. 　　　　　　　　　　　　　　　　　　　　　　　　（証明終わり）

演習問題

[A]

問題 4.1 次の極限値を求めよ.
(1) $\lim_{x \to 0} (\dfrac{a_1^x + \cdots + a_n^x}{n})^{1/x}$ $(a_1, \cdots, a_n > 0)$ (2) $\lim_{x \to 0} \dfrac{(1+x)^{1/x} - e}{x}$
(3) $\lim_{x \to \infty} x^a e^{-x}$ (a は任意の実数)

問題 4.2 命題 4.2 の (1), (3) を証明せよ.

[B]

問題 4.3 関数 $f(x)$, $g(x)$ は区間 $(0, \infty)$ で微分可能で, $\lim_{x \to \infty} f(x) = \lim_{x \to \infty} g(x) = 0$, かつ, $l = \lim_{x \to \infty} f^{(1)}(x)/g^{(1)}(x)$ が存在するものとする. このとき, $\lim_{x \to \infty} f(x)/g(x) = l$ を示せ.

問題 4.4 命題 4.3 の (5) を示せ.

研究課題 2　連続関数の基本性質

連続関数についての 2 つの重要な基本事実 4.1, 4.2（すなわち，参考資料の (4), (5)) を論理的に説明しよう．

基本事実 4.1 の証明　背理法で示す．任意の $x\ (a < x < b)$ について，$f(x) \neq k$ と仮定する．

$f(a) < f(b)$ の場合に証明する．次のように，数列 $\{p_n\}, \{q_n\}$ を定める．$p_1 = a, q_1 = b$ とおく．番号 n まで決めたとして，p_{n+1}, q_{n+1} を次のように，

$$p_{n+1} = \frac{p_n + q_n}{2}, \quad q_{n+1} = q_n \quad \left(f\left(\frac{p_n + q_n}{2}\right) < k \text{ のとき}\right)$$
$$p_{n+1} = p_n, \quad q_{n+1} = \frac{p_n + q_n}{2} \quad \left(f\left(\frac{p_n + q_n}{2}\right) > k \text{ のとき}\right)$$

とおく．定め方より，$p_n \leq p_{n+1} < q_{n+1} \leq q_n\ (n = 1, 2, 3, \cdots), f(p_n) < k < f(q_n), q_n - p_n = (b-a)/2^{n-1}$ であるから，基本事実 3.1(32 ページ) により，数列 $\{p_n\}, \{q_n\}$ は極限値をもつ．

$$\lim_{n \to \infty} p_n = C, \quad \lim_{n \to \infty} q_n = D$$

とすると，$p_n < q_n$ だから，命題 3.1 (31 ページ) の (5) により，$C \leq D$ である．さらに，

$$0 \leq D - C \leq q_n - p_n = \frac{1}{2^{n-1}}(b-a) \longrightarrow 0 \quad (n \to \infty)$$

であるから，$C = D$ となる．$f(p_n) \leq k$ であり，$f(x)$ は連続関数であるから，

$$f(C) = \lim_{n \to \infty} f(p_n) \leq k$$

となる．同様に，

$$f(D) = \lim_{n \to \infty} f(q_n) \geq k$$

である．以上より，$f(C) = k$ となり，背理法の仮定に矛盾する．　　（証明終わり）

基本事実 4.2 の証明の前に，次の補題を用意する．

補題 4.2 開区間 $(-\infty, K)$ ($K < \infty$) の部分集合 S に対して，次に述べる条件を満たす実数 r をただ 1 通りに選ぶことができる[6]．

(1) S に属する任意の実数 x に対して，$x \leq r$ である．

(2) 任意の正数 ε に対して，S に属する実数 a を適当に選べば，$r - \varepsilon < a$ となる．

(3) S に含まれる数列 $\{a_n\}$ を適当に選べば，$\lim_{n \to \infty} a_n = r$ となる．

証明 S に属する実数 a を任意に 1 つ選んでおく．次のように数列 $\{p_n\}$, $\{q_n\}$ を定める．$p_1 = a$, $q_1 = K$ とおく．番号 n まで決めたとして，p_{n+1}, q_{n+1} を次のように定める．S が $(-\infty, (p_n + q_n)/2)$ に含まれるときは，$p_{n+1} = p_n$, $q_{n+1} = (p_n + q_n)/2$ とおき，そうでない場合には，$(p_n + q_n)/2$ より大きいか等しい S に含まれる実数を S から任意に 1 つ選び p_{n+1} とし，$q_{n+1} = q_n$ とおく．定め方より，

(i) $p_n \leq p_{n+1} < q_{n+1} \leq q_n$ $(n = 1, 2, 3, \cdots)$

(ii) p_n は S に含まれ，S は $(-\infty, q_n)$ に含まれる．

(iii) $q_n - p_n \leq (b-a)/2^{n-1}$ であるから，基本事実 3.1 (32 ページ) より，数列 $\{p_n\}$, $\{q_n\}$ は極限値をもつ．

$$\lim_{n \to \infty} p_n = C, \quad \lim_{n \to \infty} q_n = D$$

とすると，$p_n < q_n$ だから，命題 3.1 (31 ページ) の (5) より，$C \leq D$ である．さらに，

$$0 \leq D - C \leq q_n - p_n = \frac{1}{2^{n-1}}(b-a) \longrightarrow 0 \quad (n \to \infty)$$

であるから，$C = D$ となる．S に属する任意の実数 x に対して (ii) より，$x < q_n$ であるから，命題 3.1 の (5) より $x \leq D$ である．$r = C = D$ とおけば，条件 (1) を満たし，(ii) と $\lim_{n \to \infty} p_n = r$ より，$\{p_n\}$ は条件 (3) を満たす．定義 3.4 (35 ページ) によれば，適当に番号 l を選べば，l より大きな番号 n は $r - \varepsilon < p_n$ を満たす．よって，条件 (2) も満たす．次に，条件 (1), (2), (3) を満たす実数が 1 つしかないことを示す．いま 2 つあったとして，それを r_1, r_2 とする．ここで $r_1 < r_2$ としてよい．$\varepsilon = r_2 - r_1 > 0$ に対して，(2) より，S に属する実数 a を適当に選べば，$r_2 - \varepsilon < a$ となる．これは $r_1 < a$ であり，(1) に反する．(証明終わり)

---

[6] r を $\sup S$ と表し，S の<u>上限</u>とよぶ．

基本事実 4.2 の証明　$S = \{\, f(x) \mid a \leq x \leq b \,\}$ とおく．まず，ある K を適当に選べば，S は $(-\infty, K)$ に含まれることを証明する．もしそうでないとすると，任意の自然数 n に対して，S に属する p_n が選べ，$n < p_n$ となる．$p_n < p_{n+1}$ とできる．$f(c_n) = p_n$ とすると，$a \leq c_n \leq b$ だから，定理 3.1 (43 ページ) より，適当な部分列 $\{d_n\}$ はある極限値 A に収束する．命題 3.1 の (5) より $a \leq A \leq b$ である．$f(x)$ は連続関数であるから，

$$f(A) = \lim_{n \to \infty} f(d_n) = \lim_{n \to \infty} p_{h(n)} \geq \lim_{n \to \infty} p_n \geq \lim_{n \to \infty} n = \infty$$

となり，矛盾である．したがって，補題 4.2 により，$\sup S$ が 1 つ定まる．S に含まれる数列 $\{p_n\}$ を適当に選んで，$\lim_{n \to \infty} p_n = \sup S$ とできる．$f(c_n) = p_n$ とすると，$a \leq c_n \leq b$ だから，定理 3.1 より，適当な部分列 $\{d_n\}$ は，ある極限値 A に収束する．命題 3.1 の (5) より $a \leq A \leq b$ である．$f(x)$ は連続関数であるから，

$$f(A) = \lim_{n \to \infty} f(d_n) = \lim_{n \to \infty} p_{h(n)} = \sup S$$

である．したがって，$f(x)$ は $x = A$ で S の最大値 $\sup S$ をとる．最小値についても同様にできる．(証明終わり)

II
初等解析への道

　第I部では，初等微積分の知識をまとめ，確実なものにした．第II部では，通常高校では程度が少し高いために省略される3つの話題について，それを実際に使いこなせることを確認する．この第II部をもって，初等解析への道へ踏み出すことになる．

　第5章では，閉区間上での関数の定積分の極限として，開区間上の積分としての広義積分を考える．その応用として，初等解析で重要なガンマ関数やベータ関数を紹介する．第6章では，初等解析で最も有名な定理の1つであるテイラーの定理を，関数を多項式で近似する視点で解説する．第7章では，関数のテイラー展開を導入し，それを使って初等関数を考える．初等解析で重要な初等関数の基本的性質が明らかになる．

第5章　広義積分

5.1　広義積分について

開区間 (a,b) を定義域とする連続な関数 $f(x)$ の不定積分の1つを $F(x)$ とするとき，(a,b) に属する2つの実数 p,q について，$F(q)-F(p)$ の値を関数 $f(x)$ の p から q までの**定積分**といい，記号

$$\int_p^q f(x)\,dx$$

または，

$$\bigl[F(x)\bigr]_p^q$$

で表すことも，高校ではあわせて学んだ．

以下の説明では，a,b は，それぞれ $-\infty,\infty$ を表すとしてもよい．さて，$a<s<b$ なる実数 s を選んでおく．$s<q<b$ なる任意の q について，

$$\int_s^q f(x)\,dx$$

なる値が定まるが，q が左から b に近づくとき，$\int_s^q f(x)\,dx$ は収束するだろうか？　すなわち，

$$\lim_{q \nearrow b} \int_s^q f(x)\,dx = A$$

となる極限値 A が存在するだろうか？[1]

実は，極限値が存在する場合も存在しない場合もある．例で考えてみよう．

【例 5.1】 r を実数として，開区間 $(0, \infty)$ で連続な関数 $f(x) = x^r$ を考察しよう．このとき，

$$F(x) = \begin{cases} \dfrac{x^{r+1}}{r+1} & (r \neq -1) \\ \log x & (r = -1) \end{cases}$$

が関数 x^r の 1 つの不定積分である．

$$\lim_{q \nearrow \infty} F(q) = \begin{cases} \infty & (r \geq -1) \\ 0 & (r < -1) \end{cases}, \quad \lim_{q \searrow 0} F(q) = \begin{cases} 0 & (r > -1) \\ -\infty & (r \leq -1) \end{cases}$$

となる．すなわち，

$$\lim_{q \nearrow \infty} \int_s^q x^r \, dx = \begin{cases} \infty & (r \geq -1) \\ -\dfrac{s^{r+1}}{r+1} & (r < -1) \end{cases}$$

$$\lim_{q \searrow 0} \int_q^s x^r \, dx = \begin{cases} \dfrac{s^{r+1}}{r+1} & (r > -1) \\ \infty & (r \leq -1) \end{cases}$$

となる．

極限値

$$\lim_{q \nearrow b} \int_s^q f(x) \, dx \tag{5.1}$$

が存在するとき，関数 $f(x)$ は $x = b$ で**広義積分可能**といい，極限値を

$$\int_s^b f(x) \, dx$$

---

1) 記号の意味は定義 4.2（45 ページ）参照．

と表す．この値を関数 $f(x)$ の $[s,b)$ における**広義積分**とよぶ．同じように，

$$\lim_{q \searrow a} \int_q^s f(x)\,dx \tag{5.2}$$

が存在するとき，関数 $f(x)$ は $x=a$ で**広義積分可能**といい，極限値を

$$\int_a^s f(x)\,dx$$

と表す．この値を関数 $f(x)$ の $(a,s]$ における広義積分とよぶ．上記の説明において，関数 $f(x)$ が a または b で広義積分可能ということは，はじめに選んでおいた s を別の s' に選んでも変わらない．実際，命題 4.1 (44 ページ) により，

$$\lim_{q \nearrow b} \int_{s'}^q f(x)\,dx = \lim_{q \nearrow b} \left(\int_{s'}^s f(x)\,dx + \int_s^q f(x)\,dx \right)$$
$$= \int_{s'}^s f(x)\,dx + \lim_{q \nearrow b} \int_s^q f(x)\,dx$$

となる．

$f(x)$ が a でも b でも広義積分可能なとき，関数 $f(x)$ は開区間 (a,b) で**広義積分可能**であるといい，

$$\int_a^b f(x)\,dx = \int_a^s f(x)\,dx + \int_s^b f(x)\,dx$$

と定義する．この値を関数 $f(x)$ の (a,b) における**広義積分**とよぶ．これもはじめに定めた s のとり方によらずただ 1 つに定まる．

【例 5.2】 例 5.1 で述べたことは次のように言い直すことができる．r を実数とし，開区間 $(0, \infty)$ を定義域とする関数 $f(x) = x^r$ について次が成り立つ．

(1) $x = \infty$ で広義積分可能 $\iff r < -1$
(2) $x = 0$ で広義積分可能 $\iff r > -1$

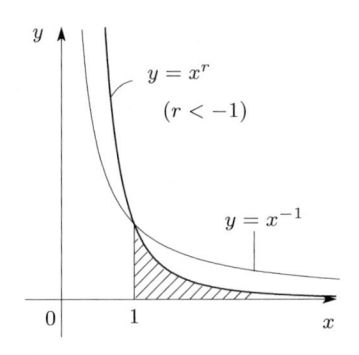

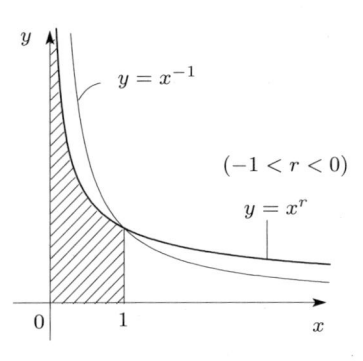

図 5.1

例題 5.1 関数 $f(x) = \log x/x^\alpha$ $(0 < \alpha < 1)$ は $(0, 1]$ で，広義積分可能であることを示し，その広義積分を求めよ．

解答例 $f(x)$ の1つの不定積分は

$$\int \frac{\log x}{x^\alpha}\,dx = \frac{x^{1-\alpha}}{1-\alpha}\log x - \frac{x^{1-\alpha}}{(1-\alpha)^2}$$

である．$1 - \alpha > 0$ だから，

$$\lim_{x \nearrow 1}\left(\frac{x^{1-\alpha}}{1-\alpha}\log x - \frac{x^{1-\alpha}}{(1-\alpha)^2}\right) = -\frac{1}{(1-\alpha)^2},$$

$$\lim_{x \searrow 0}\left(\frac{x^{1-\alpha}}{1-\alpha}\log x - \frac{x^{1-\alpha}}{(1-\alpha)^2}\right) = \lim_{x \searrow 0}\frac{x^{1-\alpha}}{1-\alpha}\log x$$

であるが，補題 4.1 (49 ページ) より，

$$\begin{aligned}
\lim_{x \searrow 0}\frac{x^{1-\alpha}}{1-\alpha}\log x &= \frac{1}{1-\alpha}\lim_{x \searrow 0}\frac{\log x}{x^{\alpha-1}} \\
&= \frac{1}{1-\alpha}\lim_{x \searrow 0}\frac{1/x}{(\alpha-1)x^{\alpha-2}} \\
&= \frac{1}{1-\alpha}\lim_{x \searrow 0}\frac{x^{1-\alpha}}{\alpha-1} \\
&= 0
\end{aligned}$$

である．以上から，$f(x)$ は $(0,1]$ で広義積分可能であり，広義積分は，

$$\int_0^1 \frac{\log x}{x^\alpha}\,dx = -\frac{1}{(1-\alpha)^2}$$

である．（解答終わり）

5.2　ワイエルシュトラスの判定法

前節の例 5.1 や例題 5.1 における関数の場合は，それらの不定積分が具体的にわかったので，広義積分可能かどうかが判断できた．しかし，一般の関数では，その不定積分を具体的に求めることができないことが多い．そもそも与えられた関数 $f(x)$ が $x=b$（あるいは $x=a$）で広義積分可能かどうかが判定できるのであろうか？

補題 5.1　開区間 (a,b) を定義域とする連続な関数 $f(x)$ が，ある s $(a<s<b)$ を適当に選んだとき，$s \leq x < b$ である限り $f(x) \geq 0$ とする．このとき，$f(x)$ が $x=b$ で広義積分可能であるための必要十分条件は，適当に正数 M を選ぶと，$s \leq q < b$ である限り，

$$\int_s^q f(x)\,dx \leq M \tag{5.3}$$

となることである．

証明　まず，条件 (5.3) が必要であることを示そう．$f(x)$ が $x=b$ で広義積分可能であると仮定し，

$$\int_s^b f(x)\,dx = M$$

とおく．$s \leq x < b$ である限り $f(x) \geq 0$ だから，関数 $F(q) = \int_s^q f(x)\,dx$ は $[s,b)$ で増加関数である．したがって，$s \leq q < r < b$ である限り，

$$F(q) \leq F(r)$$

であるから，$s \leq q < b$ である限り，
$$\int_s^q f(x)\,dx = F(q) \leq \lim_{r \nearrow b} F(r) = M$$
となる．次に，条件 (5.3) が広義積分可能であるための十分条件であることを示す．任意に数列 $\{q_n\}$ を，
$$s \leq q_1 \leq q_2 \leq \cdots \leq q_n \leq \cdots\cdots < b \quad \text{かつ} \quad \lim_{n\to\infty} q_n = b \tag{5.4}$$
となるように選ぶ．このとき，仮定より $F(q_n) \leq F(q_{n+1}) \leq M$ であるから，基本事実 3.1（32 ページ）より，数列 $\{F(q_n)\}$ はある極限値 $A \leq M$ に収束する．定義 4.2（45 ページ）に基づいて，この値 A は，(5.4) を満たす限り数列 $\{q_n\}$ のとり方によらないことを示さなければならない．(5.4) を満たすような他の数列 $\{r_n\}$ を選ぶと，数列 $\{F(r_n)\}$ は，やはりある極限値 $A^* \leq M$ に収束する．このとき，$A = A^*$ であることを示せばよい．$\lim_{n\to\infty} r_n = b$ であるから，任意の q_n に対し，定義 3.4（35 ページ）において $\varepsilon = b - q_n$ とすると，適当に番号 l を選べば，$m \geq l$ のとき，対応する r_m が不等式 $|r_m - b| < b - q_n$ を満たす．したがって，$q_n \leq r_m < b$ となる．よって，
$$F(q_n) \leq F(r_m) \leq \lim_{k\to\infty} F(r_k) = A^*$$
となるから，基本事実 3.1 より，$A = \lim_{n\to\infty} F(q_n) \leq A^*$ を得る．この議論で $\{q_n\}$ と $\{r_n\}$ の役割を代えれば，$A^* \leq A$ を得る．以上から，$A = A^*$ である．よって，
$$\lim_{q \nearrow b} \int_s^q f(x)\,dx = A$$
となる． (証明終わり)

まったく同じようにして，次も証明できる．

補題 5.2 開区間 (a,b) を定義域とする連続な関数 $f(x)$ が，適当な s $(a < s < b)$ について，$a < x \leq s$ である限り $f(x) \geq 0$ とする．このとき，$f(x)$

が $x = a$ で広義積分可能であるための必要十分条件は，適当に正数 M を選ぶと，$a < p \leq s$ である限り，

$$\int_p^s f(x)\,dx \leq M$$

となることである．

これらの補題から，与えられた関数が広義積分可能かどうかを判定するための次の定理が得られる．

定理 5.1 (ワイエルシュトラスの判定法)　開区間 (a,b) を定義域とする連続な関数 $f(x)$ が，$s\,(a < s < b)$ と正数 M を適当に選ぶと，$s \leq q < b$ である限り，

$$\int_s^q |f(x)|\,dx \leq M \tag{5.5}$$

であれば，$x = b$ で広義積分可能である．また，関数 $f(x)$ が，$a < p \leq s$ である限り，

$$\int_p^s |f(x)|\,dx \leq M \tag{5.6}$$

であれば，$x = a$ で広義積分可能である．

証明　連続関数 $f^+(x)$, $f^-(x)$ を，

$$f^+(x) = \frac{|f(x)| + f(x)}{2}, \quad f^-(x) = \frac{|f(x)| - f(x)}{2}$$

で定義すると，区間 (a,b) で $f^+(x) \geq 0, f^-(x) \geq 0$ であり，$f(x) = f^+(x) - f^-(x)$ であるから，$s \leq q < b$ について，

$$\int_s^q f(x)\,dx = \int_s^q f^+(x)\,dx - \int_s^q f^-(x)\,dx \tag{5.7}$$

となる．さて，$s \leq q < b$ である限り，

$$\int_s^q f^+(x)\,dx \leq \int_s^q |f(x)|\,dx \leq M, \quad \int_s^q f^-(x)\,dx \leq \int_s^q |f(x)|\,dx \leq M$$

であるから，補題 5.1 により，$f^+(x), f^-(x)$ が $x = b$ で広義積分可能であるための必要十分条件は，(5.5) である．よって，(5.7) により，$f(x)$ が $x = b$ で広義積分可能であるための十分条件は (5.5) である．$x = a$ の場合も，まったく同様に証明できる． (証明終わり)

次の命題は，実用上しばしば有効である．

命題 5.1 開区間 (a, b) で連続な関数 $f(x) \geq 0$ と開区間 $(s, b) \subset (a, b)$ で連続な関数 $g(x) \geq 0, h(x) \geq 0$ が次の 2 つの条件を満たすとする．
 (1) 適当に正の数 K を選べば，区間 (s, b) 上で $0 \leq h(x) \leq K$ となる．
 (2) 区間 (s, b) で常に $f(x) = g(x) h(x)$ である．
 このとき，関数 $g(x)$ が $x = b$ で広義積分可能ならば，$f(x)$ も $x = b$ で広義積分可能である．($x = a$ においても，同様なことが成り立つ．)

証明 仮定より，区間 (s, b) 上で，

$$0 \leq f(x) \leq K g(x)$$

が成り立つから，$s \leq q < b$ である限り，

$$0 \leq \int_s^q f(x)\,dx \leq K \int_s^q g(x)\,dx$$

となる．これと定理 5.1 より結論を得る． (証明終わり)

例題 5.2 a は実数とする．開区間 $(0, \infty)$ を定義域とする関数 $f(x) = x^a/(1+x)$ が区間 $(0, \infty)$ で広義積分可能であるための a の条件を求めよ．

解答例 まず，$x = \infty$ での広義積分可能性について考える．関数 $h(x) = x/(1+x)$ は，区間 $[1, \infty)$ で $1/2 \leq h(x) < 1$ を満たす．したがって，

$f(x) = x^{a-1} h(x)$ に注意すれば，命題 5.1 と例 5.2 より，$f(x)$ は $a - 1 < -1$ のとき，かつそのときに限って $x = \infty$ で広義積分可能である．次に，$x = 0$ での広義積分可能性について考える．こんどは，$h(x) = 1/(1 + x)$ とすると，$h(x)$ は区間 $(0, 1]$ で $1/2 \leq h(x) < 1$ であるから，命題 5.1 と例 5.2 より，$x^a/(1 + x)$ は $a > -1$ のとき，かつそのときに限って $x = 0$ で広義積分可能である．以上から，$-1 < a < 0$ のとき，かつそのときに限り，関数 $x^a/(1 + x)$ は区間 $(0, \infty)$ で広義積分可能である．(解答終わり)

5.3 ガンマ関数

$s > 0$ に対して，開区間 $(0, \infty)$ で連続な関数 $f(x) = e^{-x} x^{s-1}$ を考察しよう．$h(x) = e^{-x}$ とおくと，$0 < x < \infty$ で $0 < h(x) < 1$ であり，$g(x) = x^{s-1}$ は，例 5.2 より $x = 0$ で広義積分可能であるから，命題 5.1 より，$f(x) = g(x) h(x)$ も $x = 0$ で広義積分可能である．一方，$h(x) = e^{-x} x^{2s}$ とおくと，$2s < x < \infty$ で

$$h'(x) = -e^{-x} x^{2s} + e^{-x}(2s x^{2s-1}) = e^{-x} x^{2s-1}(-x + 2s) < 0$$

であるから，$h(x)$ は $2s < x < \infty$ で単調減少である．よって，$2s < x < \infty$ で

$$0 < h(x) \leq e^{-2s}(2s)^{2s}$$

である．また，関数 $g(x) = 1/x^{s+1}$ は，例 5.2 より，$x = \infty$ で広義積分可能であるから，命題 5.1 より，$f(x) = g(x) h(x)$ も $x = \infty$ で広義積分可能である．以上のことから，$s > 0$ のとき，広義積分

$$\Gamma(s) = \int_0^\infty e^{-x} x^{s-1} dx \qquad (s > 0) \tag{5.8}$$

が存在して，s の関数になる．$\Gamma(s)$ をオイラーの**ガンマ関数**とよぶ．$\Gamma(s)$ に関する公式のうち興味あるものは，

$$\Gamma(s + 1) = s \Gamma(s) \qquad (s > 0) \tag{5.9}$$

である. 実際,
$$(e^{-x}x^s)' = -e^{-x}x^s + s\, e^{-x}x^{s-1}$$

より,
$$\int_a^b e^{-x}x^s dx - s\int_a^b e^{-x}x^{s-1}\,dx = -[e^{-x}x^s]_a^b$$

であるから,
$$\Gamma(s+1) - s\Gamma(s) = -\lim_{a\to 0, b\to\infty}[e^{-x}x^s]_a^b = 0$$

である (演習問題 4.1 の (3) 参照).

特に,
$$\Gamma(1) = \int_0^\infty e^{-x}dx = 1 \tag{5.10}$$

であるから, 自然数 n について
$$\Gamma(n+1) = n! \tag{5.11}$$

となる.

5.4 ベータ関数

$x > 0, y > 0$ として, 開区間 $(0,1)$ で連続な関数
$$f(t) = t^{x-1}(1-t)^{y-1}$$

を考察しよう.

関数 $h(t) = t^{x-1}$ は, $1/2 \leq t \leq 1$ で連続であるから, その最大値を L とすれば, $1/2 < t < 1$ で $0 < h(t) \leq L$ となり, 例 5.2 より, 関数 $g(t) = (1-t)^{y-1}$ は $t = 1$ で広義積分可能である. よって, 命題 5.1 により

$f(t) = g(t)\,h(t)$ も $t=1$ で広義積分可能である．次に，$0 < t < 1/2$ で変数 t について連続な関数

$$g(t) = t^{x-1}, \qquad h(t) = (1-t)^{y-1}$$

を考える．関数 $h(t) = (1-t)^{y-1}$ は $0 \le t \le 1/2$ で連続であるから，その最大値を K とすれば，$0 \le t \le 1/2$ で $0 < h(t) \le K$ であり，例 5.2 より，$g(t)$ は $t = 0$ で広義積分可能である．よって，命題 5.1 により $f(x) = g(t)\,h(t)$ も 0 で広義積分可能である．以上のことから，広義積分

$$B(x,y) = \int_0^1 t^{x-1}(1-t)^{y-1} dt \tag{5.12}$$

が存在して，$x > 0, y > 0$ の関数となる．$B(x,y)$ を**ベータ関数**とよぶ．

(5.12) において，$t = 1-s$ とおき，置換積分をすると，

$$\begin{aligned}
B(x,y) = \int_0^1 t^{x-1}(1-t)^{y-1} dt &= \int_1^0 (1-s)^{x-1} s^{y-1}(-ds) \\
&= \int_0^1 (1-s)^{x-1} s^{y-1} ds = B(y,x)
\end{aligned}$$

となる．すなわち，

$$B(x,y) = B(y,x) \qquad (x > 0, \, y > 0) \tag{5.13}$$

となる．

さて，ガンマ関数とベータ関数について次が成り立つ．以後，これを認めて自由に使うことにする．

定理 5.2 任意の $x > 0, y > 0$ について，

$$B(x,y) = \frac{\Gamma(x)\,\Gamma(y)}{\Gamma(x+y)} \tag{5.14}$$

が成り立つ．

ガンマ関数およびベータ関数は，初等関数とはいわず，いずれ読者が学ぶことになる**特殊関数**の例で，理工系の分野では非常に重要な関数である．多くの定積分（広義積分）がガンマ関数やベータ関数で表される．

例題 5.3 自然数 n について，定積分

$$I(n) = \int_0^{\pi/2} (\sin x)^n \, dx \tag{5.15}$$

をガンマ関数を使って表し，$I(2n)$ の値を求めよ．

解答例 (5.12) において，変数変換 $t = (\sin r)^2$ ($0 \leq r \leq \pi/2$) とおき，置換積分をすると，$\cos r \geq 0$ であるから，

$$\begin{aligned} B(x,y) &= \int_0^{\pi/2} (\sin r)^{2(x-1)} (\cos r)^{2(y-1)} (2\sin r \cos r) \, dr \\ &= 2\int_0^{\pi/2} (\sin r)^{2x-1} (\cos r)^{2y-1} \, dr \end{aligned} \tag{5.16}$$

を得る．したがって，定理 5.2 より，

$$2I(n) = B\left(\frac{n+1}{2}, \frac{1}{2}\right) = \frac{\Gamma\left(\frac{n+1}{2}\right)\Gamma\left(\frac{1}{2}\right)}{\Gamma\left(\frac{n}{2}+1\right)} \tag{5.17}$$

となる．(5.17) で $n = 0$ とすると，$I(0) = \pi/2, \Gamma(1) = 1$ であるから，$\pi = \Gamma(1/2)^2$ となり，

$$\Gamma\left(\frac{1}{2}\right) = \sqrt{\pi} \tag{5.18}$$

を得る．したがって，(5.17) が，

$$I(n) = \frac{\Gamma\left(\frac{n+1}{2}\right)\sqrt{\pi}}{2\Gamma\left(\frac{n}{2}+1\right)} \tag{5.19}$$

となる. (5.9) から,

$$I(2n) = \frac{\sqrt{\pi}}{2}\frac{\Gamma(n+1/2)}{\Gamma(n+1)}$$
$$= \frac{\sqrt{\pi}}{2\cdot n!}\left(n-\frac{1}{2}\right)\left(n-\frac{3}{2}\right)\cdots\left(n-\frac{1}{2}-(n-1)\right)\Gamma\left(\frac{1}{2}\right)$$
$$= \frac{\pi}{2\cdot n!}\cdot\frac{1}{2^n}(2n-1)(2n-3)\cdots 3\cdot 1 = \frac{\pi}{2}\cdot\frac{(2n-1)!!}{(2n)!!}$$

である. ここで, $(2n)!! = 2n\cdot(2n-2)\cdots 4\cdot 2$, $(2n-1)!! = (2n-1)\cdots 3\cdot 1$ である. (解答終わり)

例題 5.4

$$\int_0^\infty e^{-x^2}\,dx = \frac{\sqrt{\pi}}{2} \tag{5.20}$$

を示せ. (これを**ガウス積分**という.)

解答例 (5.8) で $x = r^2$ とおいて, 置換積分をすると

$$\Gamma(s) = \int_0^\infty e^{-r^2} r^{2(s-1)} 2r dr = 2\int_0^\infty e^{-r^2} r^{2s-1}\,dr$$

となるから, $s = 1/2$ とおいて (5.18) より,

$$\int_0^\infty e^{-x^2}\,dx = \frac{1}{2}\Gamma\left(\frac{1}{2}\right) = \frac{\sqrt{\pi}}{2}$$

を得る. (解答終わり)

演習問題

[A]

問題 5.1 次の広義積分を求めよ.

(1) $\int_{\sqrt{3}}^{\infty} \dfrac{1}{1-x^4} dx$ 　　(2) $\int_{0}^{\pi/2} (\tan x)^{1/2} dx$

(3) $\int_{0}^{\infty} \dfrac{1}{1+x^3} dx$ 　　(4) $\int_{0}^{\infty} e^{-2x} \cos(3x) dx$

(5) $\int_{0}^{1} \dfrac{\log x}{\sqrt{1-x^2}} dx$

問題 5.2 $\int_{0}^{\infty} \dfrac{1}{\sqrt{1+x^3}} dx$ は広義積分可能か?

[B]

問題 5.3 次の広義積分をガンマ関数やベータ関数で表せ.

(1) $\int_{0}^{\infty} \dfrac{t^{y-1}}{(1+t)^{x+y}} dt \quad (x>0, y>0)$

(2) $\int_{0}^{\infty} \dfrac{t^{y-1}}{1+t^x} dt \quad (y>0, x>y)$

(3) $\int_{0}^{\infty} \dfrac{t^{x-1}}{(1+t^z)^y} dt \quad (x>0, y>0, z>0, yz>x)$

(4) $\int_{0}^{1} t^{x-1}(1-t^z)^{y-1} dt \quad (x>0, y>0, z>0)$

(5) $\int_{a}^{b} (t-a)^{x-1}(b-t)^{y-1} dt \quad (x>0, y>0, b>a)$

(6) $\int_{0}^{1} \dfrac{t^{x-1}(1-t)^{y-1}}{(t+a)^{x+y}} dt \quad (x>0, y>0, a>0)$

(7) $\int_{0}^{\pi/2} \dfrac{(\cos t)^{2x-1}(\sin t)^{2y-1}}{(a(\cos t)^2 + b(\sin t)^2)^{x+y}} dt \quad (x>0, y>0, b>a>0)$

(8) $\int_{a}^{b} \dfrac{(t-a)^{x-1}(b-t)^{y-1}}{(t-c)^{x+y}} dt \quad (0<c<a<b, x>0, y>0)$

第6章　テイラーの定理

関数 $f(x)$ を引き続き n 回微分して得られる関数を $f(x)$ の**第 n 次導関数**といい，$f^{(n)}(x)$ で表す．本章では，関数 $f(x)$ は閉区間 $[a,b]$ を含むある開区間で何回でも微分可能とする．

6.1　関数の多項式による近似

$a<c<b$ とする．$f^{(1)}(c)$ は，関数 $y=f(x)$ の $x=c$ における接線の傾きを表し，その接線が 1 次関数 $y=g(x)=f^{(1)}(c)(x-c)+f(c)$ であることを高校で学んだ．微係数 $f^{(1)}(c)$ の定義より，

$$\lim_{x \to c}\left|\frac{f(x)-g(x)}{x-c}\right| = \lim_{x \to c}\left|\frac{f(x)-f(c)}{x-c}-f^{(1)}(c)\right|$$
$$= \left|\lim_{x \to c}\frac{f(x)-f(c)}{x-c}-f^{(1)}(c)\right|$$
$$= 0$$

となる．これを言い換えると，$x=c$ で関数 $f(x)$ を，その接線を表す 1 次関数 $g(x)=f^{(1)}(c)(x-c)+f(c)$ で近似しようとするとき，その誤差関数

$$h(x)=f(x)-g(x)=f(x)-\bigl(f^{(1)}(c)(x-c)+f(c)\bigr)$$

は，

$$\lim_{x \to c}\left|\frac{h(x)}{x-c}\right|=0 \tag{6.1}$$

を満たす．他の 1 次関数 $G(x) = p(x-c) + q$ で同じように近似できるであろうか？ すなわち，誤差関数 $h(x) = f(x) - G(x)$ が (6.1) を満たすような 1 次関数 $G(x)$ が他にあるだろうか？ まず，(6.1) から，

$$|h(c)| = \lim_{x \to c} |h(x)| = \lim_{x \to c} \left| \frac{h(x)}{x-c} \right| \lim_{x \to c} |x-c| = 0$$

となるから，$f(c) = G(c)$ を得る．すなわち，$q = f(c)$ である．これと (6.1) より，

$$\lim_{x \to c} \left| \frac{f(x) - G(x)}{x-c} \right| = \lim_{x \to c} \left| \frac{f(x) - f(c)}{x-c} - p \right| = 0$$

を得る．よって，

$$\lim_{x \to c} \frac{f(x) - f(c)}{x-c} = p$$

となる．すなわち，$p = f^{(1)}(c)$ である．こうして，$G(x)$ は $x = c$ における接線を表す 1 次関数 $g(x) = f^{(1)}(c)(x-c) + f(c)$ に等しいことがわかった．もっと一般に，2 次関数あるいは n 次関数で $f(x)$ を近似してみよう．そのためには，(6.1) のような近似の誤差を測る尺度が必要である．関数 $E(x)$ がある自然数 l に対して，

$$\lim_{x \to c} \frac{|E(x)|}{|x-c|^l} = 0 \tag{6.2}$$

となる[1])とき，$E(x)$ は $x = c$ で $(x-c)^l$ より高位の無限小であるといい，このことを記号で次のように書き表す．

$$E(x) = o(|x-c|^l) \tag{6.3}$$

例題 6.1 自然数 l, n が $l + 1 \leq n$ のとき，多項式関数 $E(x) = \sum_{k=l+1}^{n} a_k (x-c)^k$ は $E(x) = o(|x-c|^l)$ であることを示せ．

1) (6.2) の定義は，定義 4.2 (45 ページ) で与えた．

解答例 命題 4.1（44 ページ）の (3) により，

$$\lim_{x \to c} \frac{|E(x)|}{|x-c|^l} = \lim_{x \to c} |x-c| \left| \sum_{k=0}^{n-l-1} a_{k+l+1}(x-c)^k \right| = 0$$

である．（解答終わり）

補題 6.1 実数 c を $a < c < b$ となるように選ぶ．自然数 k に対して，$f(x) = o(|x-c|^k)$ であれば，$f(c) = f^{(1)}(c) = \cdots = f^{(k)}(c) = 0$ である．

証明 命題 4.1 の (3) より，

$$\lim_{x \to c} |f(x)| = \lim_{x \to c} \frac{|f(x)|}{|x-c|^k} \lim_{x \to c} |x-c|^k = 0$$

となる．一方，$f(x)$ は $x = c$ で連続であるので[2]，$\lim_{x \to c} f(x) = f(c)$ となる．よって，$f(c) = 0$ を得る．

$0 \leq j < k$ となる自然数 j について，

$$f(c) = f^{(1)}(c) = \cdots = f^{(j)}(c) = 0 \quad \text{かつ} \quad f^{(j+1)}(c) \neq 0$$

と仮定して矛盾を示そう．

$$f^{(j+1)}(c) = \lim_{x \to c} \frac{f^{(j)}(x) - f^{(j)}(c)}{x-c} = \lim_{x \to c} \frac{f^{(j)}(x)}{x-c}$$

において，$\lim_{x \to c} f^{(j-1)}(x) = f^{(j-1)}(c) = 0$, $\lim_{x \to c} (x-c)^2/2 = 0$ であるから，補題 4.1（49 ページ）により，

$$\lim_{x \to c} \frac{f^{(j)}(x)}{x-c} = \lim_{x \to c} \frac{f^{(j-1)}(x)}{(x-c)^2/2}$$

となる．$\lim_{x \to c} f^{(j-2)}(x) = f^{(j-2)}(c) = 0$, $\lim_{x \to c} (x-c)^3/3! = 0$ であるから，再びこの補題により，

$$\lim_{x \to c} \frac{f^{(j-1)}(x)}{(x-c)^2/2} = \lim_{x \to c} \frac{f^{(j-2)}(x)}{(x-c)^3/3!}$$

---

[2] 例題 4.2（48 ページ）を参照．

となる．以下，これをくり返して，

$$\begin{aligned}
0 \neq f^{(j+1)}(c) &= \lim_{x \to c} \frac{f^{(j)}(x)}{x-c} \\
&= \cdots = \lim_{x \to c} \frac{f(x)}{(x_n - c)^{j+1}/(j+1)!} \\
&= \lim_{x \to c} \frac{(j+1)!\, f(x)}{(x-c)^k} \lim_{x \to c}(x-c)^{k-j-1} \\
&= 0
\end{aligned}$$

を得る． (証明終わり)

補題 6.2 n 次多項式関数 $P(x) = \sum_{k=0}^{n} a_k(x-c)^k$ が $f(x) - P(x) = o(|x-c|^n)$ を満たしたとすると，

$$a_0 = f(c),\ a_1 = f^{(1)}(c),\ \cdots,\ a_n = \frac{f^{(n)}(c)}{n!} \tag{6.4}$$

である．

証明 $E(x) = f(x) - P(x)$ とおけば，$E(x) = o(|x-c|^n)$ であるから，補題 6.1 より $E(c) = \cdots = E^{(n)}(c) = 0$ を得る．一方，$0 \leq k \leq n$ のとき，

$$E^{(k)}(c) = f^{(k)}(c) - k!\, a_k$$

である． (証明終わり)

6.2 テイラーの定理

$a < c < b$ と自然数 n に対し，多項式関数

$$f_n(x) = f(c) + f^{(1)}(c)(x-c) + \frac{f^{(2)}(c)}{2!}(x-c)^2 + \cdots + \frac{f^{(n)}(c)}{n!}(x-c)^n \tag{6.5}$$

を考えよう．このとき，補題 6.2 と逆の主張，すなわち $f(x) - f_n(x) = o(|x-c|^n)$ となることを示す．

まず例として，x の n 次の多項式関数

$$f(x) = a_n x^n + a_{n-1} x^{n-1} + \cdots + a_1 x + a_0 \qquad (a_n \neq 0)$$

を考察しよう．c を任意の実数とするとき，

$$\begin{aligned}f(x) &= f(c) + f^{(1)}(c)(x-c) + \frac{f^{(2)}(c)}{2!}(x-c)^2 + \cdots + \frac{f^{(n)}(c)}{n!}(x-c)^n \\ &= f_n(x)\end{aligned}$$

と表される．よって，$f(x)$ と $f_n(x)$ はすべての x で等しい．

　一般の関数 $f(x)$ では両者はどのように違うのであろうか？　もちろん，$f_n(c) = f(c)$ である．このことを考えるために，自然数 n に対して，

$$R_{n+1}(x) = f(x) - f_n(x)$$

とおく．すなわち，

$$f(x) = f_n(x) + R_{n+1}(x) \tag{6.6}$$

とおく．本書では，$f_n(x)$ を関数 $f(x)$ の $x = c$ における n 次の**テイラー多項式関数**，または，単に**テイラー多項式**とよび，$R_{n+1}(x)$ を n 次の**誤差評価関数**とよぶ．$f(x)$ と $f_n(x)$ との差について，最も重要なのが次の定理である．

定理 6.1 (テイラーの定理)　関数 $f(x)$ は閉区間 $[a, b]$ を含むある開区間で何回でも微分可能とする．$a < c < b$ なる c と，$a \leq x_0 \leq b$ なる x_0 に対して，c と x_0 の間のある実数 y_0 を適当に選べば，

$$R_{n+1}(x_0) = \frac{f^{(n+1)}(y_0)}{(n+1)!}(x_0 - c)^{n+1} \tag{6.7}$$

が成り立つ（y_0 の選び方は，一般に1通りではない．また，x_0 を変えれば y_0 の値も変わる）．この $R_{n+1}(x_0)$ を**ラグランジュの剰余項**とよぶことがある．$y_0 = c + \theta(x_0 - c)$ $(0 < \theta < 1)$ と表せる．

証明 $c < x_0 < b$ の場合に証明すればよいであろう．煩雑さを避けるために $g(x) = R_{n+1}(x)$ とおく．自然数 $1 \leq k \leq n$ について，

$$g^{(k)}(x) = f^{(k)}(x) - \sum_{k \leq p \leq n} \frac{f^{(p)}(c)}{(p-k)!}(x-c)^{p-k}$$

であるから，

$$g(c) = g^{(1)}(c) = \cdots = g^{(n)}(c) = 0, \quad g^{(n+1)}(x) = f^{(n+1)}(x)$$

である．関数 $g^{(n+1)}(x) = f^{(n+1)}(x)$ は閉区間 $[a,b]$ で連続であるから，$f^{(n+1)}(x)$ は閉区間 $[a,b]$ で最大値 M と最小値 m をとる（参考資料の (5) を参照）．よって，参考資料の (9)-(c) より，

$$m(x-c) = \int_c^x m\,dx \leq \int_c^x g^{(n+1)}(x)dx \leq \int_c^x M dx = M(x-c)$$

を得る．一方，$g^{(n)}(c) = 0$ に注意すると，

$$g^{(n)}(x) = \int_c^x g^{(n+1)}(x)\,dx$$

であるから，

$$m(x-c) \leq g^{(n)}(x) \leq M(x-c)$$

を得る．これを再びくり返す．すなわち，まず，

$$\frac{m(x-c)^2}{2} = \int_c^x m(x-c)dx \leq \int_c^x g^{(n)}(x)dx$$
$$\leq \int_c^x M(x-c)dx = \frac{M(x-c)^2}{2}$$

であり，次に，$g^{(n-1)}(c) = 0$ に注意すると，

$$g^{(n-1)}(x) = \int_c^x g^{(n)}(x)dx$$

であるから，
$$\frac{m(x-c)^2}{2} \leq g^{(n-1)}(x) \leq \frac{M(x-c)^2}{2}$$
を得る．以下同様にすれば，結局，
$$\frac{m(x-a)^{n+1}}{(n+1)!} \leq g(x) \leq \frac{M(x-a)^{n+1}}{(n+1)!}$$
を得る．これより，値 $g(x_0) = R_{n+1}(x_0)$ は，t を変数とする閉区間 $[c, x_0]$ で連続な関数
$$\frac{f^{(n+1)}(t)(x_0-a)^{n+1}}{(n+1)!}$$
の最大値と最小値の間にあることがわかる．よって，参考資料 (4) の中間値の定理より，ある y_0 を適当にとれば，
$$g(x_0) = R_{n+1}(x_0) = \frac{f^{(n+1)}(y_0)(x_0-c)^{n+1}}{(n+1)!}$$
となる． (証明終わり)

系 6.1 関数 $f(x)$ は閉区間 $[a,b]$ を含む開区間で何回でも微分可能で，$a < c < b$ とする．n 次多項式関数 $P(x)$ が $f(x) - P(x) = o(|x-c|^n)$ を満たすための必要十分条件は，$P(x)$ が n 次テイラー多項式であることである．

証明 まず，補題 6.2 より必要であることがわかる．次に，定理 6.1 より $R_{n+1}(x) = o(|x-c|^n)$ であるから，十分であることもわかる．(証明終わり)

誤差評価関数 $R_{n+1}(x)$ の次の積分表示は良い評価が得られ，第 7 章で有効に用いられる．

定理 6.2 関数 $f(x)$ は閉区間 $[a,b]$ を含む開区間で何回でも微分可能とする．このとき，$R_{k+1}(x)$ について次の積分表示が成り立つ．
$$R_{n+1}(x) = \frac{1}{n!} \int_c^x f^{(n+1)}(t)(x-t)^n \, dt \qquad (a \leq x \leq b) \qquad (6.8)$$

また，$c\ (a<c<b)$ と $x_0\ (a<x_0<b)$ に対し，ある $\theta\ (0<\theta<1)$ を適当に選び，$y_0 = c + \theta(x_0 - c)$ とおけば，

$$R_{n+1}(x_0) = \frac{f^{(n+1)}(y_0)}{n!}(1-\theta)^n (x_0 - c)^{n+1} \tag{6.9}$$

が成り立つ．この表示方法を**コーシーの剰余項**とよぶ．

証明 n に関する数学的帰納法で証明する．$n=0$ のときは，

$$R_1(x) = f(x) - f(c) = \int_c^x f^{(1)}(t)dt = \int_c^x f^{(1)}(t)(x-t)^0\, dt$$

より明らかである．n まで正しいとしよう．部分積分法により，

$$\begin{aligned}
&\frac{1}{n!}\int_c^x f^{(n+1)}(t)(x-t)^n dt \\
&= \left[\frac{f^{(n)}(t)(x-t)^n}{n!}\right]_c^x + \frac{1}{(n-1)!}\int_c^x f^{(n)}(t)(x-t)^{n-1}dt \\
&= -\frac{f^{(n)}(c)(x-c)^n}{n!} + R_n(x) \\
&= -\frac{f^{(n)}(c)(x-c)^n}{n!} + (f(x) - f_{n-1}(x)) \\
&= f(x) - f_n(x) = R_{n+1}(x)
\end{aligned}$$

となる．また，定理 6.1 の証明の後半と同様に，(6.8) において，中間値の定理より，ある $y_0 = c + \theta(x_0 - c)$ を適当にとれば，

$$\begin{aligned}
R_{n+1}(x_0) &= \frac{f^{n+1}(y_0)}{n!}(x_0 - y_0)^n (x_0 - c) \\
&= \frac{f^{n+1}(y_0)}{n!}(1-\theta)^n (x_0 - c)^n (x_0 - c) \\
&= \frac{f^{n+1}(y_0)}{n!}(1-\theta)^n (x_0 - c)^{n+1}
\end{aligned}$$

となる．   (証明終わり)

6.3 近似値計算

テイラーの定理は，1つの応用として n 次テイラー多項式 $f_n(x)$ を関数 $f(x)$ の近似として考えたときの誤差の評価を与える．すなわち，

$$|f(x) - f_n(x)| = |R_{n+1}(x)| = \left|\frac{f^{(n+1)}(y)}{(n+1)!}(x-c)^{n+1}\right| \leq \frac{L}{(n+1)!}|x-c|^{n+1} \tag{6.10}$$

となる．ただし，L は c と x の間での関数 $|f^{(n+1)}(t)|$ の最大値である．

例題 6.2 ネイピア数 e の小数第5位までの近似値を求めよ（$e<3$ は既知としてよい）．

解答例 関数 $f(x) = e^x$ は任意の自然数 n について，

$$f^{(n)}(x) = e^x$$

である．よって，$e = f(1)$ を $f_n(x)$ で近似すれば，(6.10) を $c=0, x=1$ の場合に適用すると，$L = e$ となるから，

$$|R_{n+1}(1)| = |e - f_n(1)| \leq \frac{e}{(n+1)!} < \frac{3}{(n+1)!} \tag{6.11}$$

であることにまず注意しておく．$f_n(1)$ の近似値が計算できれば，e の近似値が求まることが期待できる．$1/k!$ の近似値は，

$$\begin{array}{ll} 1/3! = 0.1666666\cdots & 1/7! = 0.0001984\cdots \\ 1/4! = 0.0416666\cdots & 1/8! = 0.0000248\cdots \\ 1/5! = 0.0083333\cdots & 1/9! = 0.0000027\cdots \\ 1/6! = 0.0013888\cdots & 1/10! = 0.0000002\cdots \end{array} \tag{6.12}$$

のように計算できる．以下に近似計算をする．$R_{n+1}(1) > 0$ であるから，(6.12) を使い，

$$e > f_9(1) > 2.5 + \sum_{k=3}^{9} (1/k! \text{の小数第7位までの値}) = 2.7182812 \tag{6.13}$$

と計算できる. 次に,

$$1/k! \text{ の小数第 8 位以下の値} < 10^{-7} \tag{6.14}$$

であるから,

$$\begin{aligned} f_9(1) &< 2.5 + \sum_{k=3}^{9} (1/k! \text{ の小数第 7 位までの値}) + 7 \times 10^{-7} \\ &< 2.7182812 + 7 \times 10^{-7} \end{aligned} \tag{6.15}$$

となる. $1/10! < 3 \times 10^{-7}$ であるから, 不等式 (6.11) より,

$$R_{9+1}(1) < 3/10! < 3 \times (3 \times 10^{-7}) = 9 \times 10^{-7} \tag{6.16}$$

となり, (6.15) と (6.16) より,

$$\begin{aligned} e &= f_9(1) + R_{10}(1) \\ &< (2.7182812 + 7 \times 10^{-7}) + 9 \times 10^{-7} \\ &< 2.7182812 + 16 \times 10^{-7} \\ &= 2.7182828 \end{aligned} \tag{6.17}$$

となる. したがって, (6.13) と合わせて,

$$2.7182812 < e < 2.7182828$$

を得る. したがって, e の小数第 5 位までの値は

$$2.71828$$

であることがわかる. (解答終わり)

注意 6.1 $1/k!$ の小数第 6 位までの値を使う高校数学での次の求め方

$$2.5 + \sum_{k=3}^{9} (1/k! \text{ の小数第 6 位までの値})$$

では不十分である. 実際, 上記の値は 2.718277 である.

6.4 凸関数とニュートン法

高校のときに学んだ 2 階導関数の幾何学的意味を掘り下げてみよう．高校で学んだ 2 次多項式についての発展である．

補題 6.3 関数 $f(x)$ $(a < x < b)$ が $f^{(2)}(x) > 0$ を満たすとする．このとき，
(1) (a, b) 上のすべての点 c について，
$$f(x) > f(c) + f^{(1)}(c)(x - c) \quad (x \neq c)$$
となる．すなわち，$y = f(x)$ のグラフは $x = c$ における接線より上にある．
(2) $a < c < d < b$ のとき，
$$f(tc + (1 - t)d) < tf(c) + (1 - t)f(d) \quad (0 \leq t \leq 1)$$
となる．
(3) $f^{(1)}(c) = 0$ であれば，$f(c)$ は $f(x)$ の最小値である．このような c はただ 1 つである．

証明 (1) テイラーの定理と，仮定 $f^{(2)}(x) > 0$ $(a < x < b)$ により，$x = c$ のとき，
$$f(x) = f(c) + f^{(1)}(c)(x - c) + \frac{f^{(2)}(d)}{2}(x - c)^2 > f(c) + f^{(1)}(c)(x - c)$$
となるから明らかである．

(2) $x = tc + (1 - t)d$ $(0 < t < 1)$ とすると，(1) より，
$$f(c) > f(x) + f^{(1)}(x)(c - x)$$
$$f(d) > f(x) + f^{(1)}(x)(d - x)$$
となるから，この両式にそれぞれ $t, 1 - t$ を掛けて加え合わせると $f^{(1)}(x)$ の係数は
$$t(c - x) + (1 - t)(d - x) = t(1 - t)\{(c - d) + (d - c)\} = 0$$

となり，
$$tf(c) + (1-t)f(d) > f(x) = f(tc + (1-t)d)$$
であるから，求める不等式を得る．

(3) $f^{(1)}(c) = 0$ であれば，(1) より，$f(x) > f(c)$ $(x \neq c)$ となる．

(証明終わり)

関数 $f(x)$ がこの補題 (2) の性質を満たすとき，$f(x)$ は下に凸な関数という．

定理 6.3 (ニュートン法) 関数 $f(x)$ $(a < x < b)$ が $f^{(2)}(x) > 0$ を満たし，実数 c, d $(a < c < d < b)$ が $f(c) < 0, f(d) > 0$ を満たすとする．

(1) $f(s) = 0$ を満たす数 s $(c < s < d)$ がただ 1 つある．
(2) $c < c_1 < s < d_1 < d$ なる c_1, d_1 が選べて，$f^{(1)}(x) > 0$ $(c_1 < x < d_1)$ となる．
(3) $x_1 = d_1, x_{n+1} = x_n - f(x_n)/f^{(1)}(x_n)$ $(n = 1, 2, \cdots)$ とすると，$\lim_{n \to \infty} x_n = s$ となる．

証明 (1) $c < d, f(c) < 0 < f(d)$ だから，中間値の定理 (参考資料 (4)) が使えて，$c < s < d$ なる s を適当に選べば，$f(s) = 0$ となる．以下，このような s は他に存在しないことを示す．そのためには，$c < t < d, f(t) = 0$ $(s \neq t)$ なる t が存在すると仮定して，矛盾を示せばよい．ここで，$s < t$ としても一般性を失わない．まず，$s < t, f(s) = f(t) = 0$ だから，平均値の定理 (参考資料 (8)) が使えて，$s < p < t$ なる p を適当に選べば，$f^{(1)}(p) = 0$ となる．補題 6.3 の (3) より，$f(p)$ は区間 (a, b) における最小値だから，$f(p) < f(c)$ を満たす．次に，$f(p) < f(c) < 0 = f(s)$ だから，中間値の定理により，$s < q < p, f(q) = f(c)$ なる q が存在する．そして，$c < s < q < p, f(q) = f(c)$ だから，平均値の定理により，$c < r < q, f^{(1)}(r) = 0$ なる r が存在する．このとき，$r < q < p$ だから，補題 6.3 の (3) に矛盾する．

(2) $f^{(1)}(s) = 0$ とすると，補題 6.3 の (3) から，$f(s)$ は区間 (a, b) における最小値だから，$0 = f(s) > f(c)$ に矛盾する．よって，$f^{(1)}(s) \neq 0$ であ

る．$f^{(1)}(x)$ は連続だから，$c < c_1 < s < d_1 < d$ なる c_1, d_1 を適当に選べば，$c_1 \leq x \leq d_1$ で $f^{(1)}(x) \neq 0$，すなわち，区間 $[c_1, d_1]$ で $f^{(1)}(x)$ は定符号である．よって，$f(x)$ は区間 $[c_1, d_1]$ で単調増加か単調減少のいずれかである．ところが，もし単調減少だとすると，$f(c_1) > f(s) > 0$ となり，一方，$f(c) < 0$ だから，中間値の定理により，$c < p < c_1, f(p) = 0$ なる p が存在する．これは (1) に反する．よって，$f(x)$ は区間 $[c_1, d_1]$ で $f^{(1)}(x) > 0$ である．

(3) $y = f(x)$ の $x = x_1$ における接線の方程式 $y = f^{(1)}(x_1)(x - x_1) + f(x_1)$ において $x = x_2$ とすると，$y = 0$ となるから，x_2 はこの接線と x 軸との交点の x 座標である．$f^{(1)}(x_1) > 0$ だから $x_2 < x_1$ である．一方，補題 6.3 の (1) より，点 $(s, 0)$ はこの接線より上側にあるので，$s < x_2$ である．以下，この議論をくり返すと，数列 x_n は，$-x_1 < -x_2 < \cdots < -x_n < -x_{n+1} < -s$ となる．よって，基本事実 3.1 (32 ページ) から，ある実数 A $(A \leq -s)$ が存在して，

$$\lim_{n \to \infty}(-x_n) = A$$

となる．このとき，命題 3.1 (31 ページ) から，

$$\begin{aligned}A &= \lim_{n \to \infty}(-x_{n+1}) \\ &= \lim_{n \to \infty}(-x_n) + \lim \frac{f(x_n)}{f^{(1)}(x_n)} \\ &= A + \frac{f(-A)}{f^{(1)}(-A)}\end{aligned}$$

となり，$f(-A) = 0$ を得る．(1) より，$-A = s$ である．以上から，$\lim_{n \to \infty} x_n = S$ となる． (証明終わり)

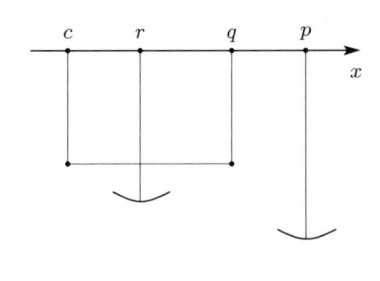

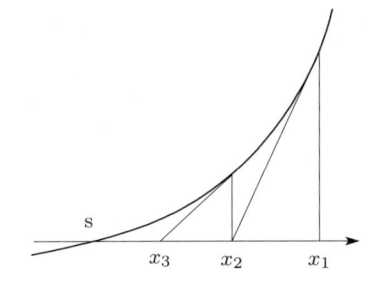

図 6.1

演習問題

[A]

問題 6.1 関数 $f(x) = e^x - (ax+b)/(cx+d)$ について，$f_1(x) = 0$ が成り立つように a, b の値を定めよ．ただし，$f_1(x)$ は $f(x)$ の $x = 0$ における 1 次のテイラー多項式とする．

問題 6.2 $f(x) = e^{x \sin x}$ の $x = 0$ における $f_6(x)$ を求めよ．ただし，$f_6(x)$ は $f(x)$ の $x = 0$ における 6 次のテイラー多項式とする．

問題 6.3 (1) $\sqrt{101}$ と (2) $\sin(1/10)$ の値を小数第 5 位まで求めよ．

[B]

問題 6.4 (1) 区間 $[a, b]$ 上の C^2 級関数 f は，$f(a) < 0 < f(b)$, $0 < K \leq f'(x)$, $0 < f''(x) \leq L$ とする．このとき，

$$x_1 = b, \quad x_{n+1} = x_n - \frac{f(x_n)}{f'(x_n)} \quad (n = 1, 2, 3, \cdots)$$

とすると，数列 $\{x_n\}$ は $[a, b]$ 上の $f(x) = 0$ のただ 1 つの解 α に収束するが，

$$|x_{n+1} - \alpha| \leq \frac{L}{2K}|x_n - \alpha|^2 \quad (n = 1, 2, 3, \cdots)$$

であることを示せ．(一般に，関数 f が k 階微分可能で，$f^{(k)}$ が連続のとき，f は C^k 級関数であるという．)

(2) $f(x) = x^3 - 2$, $[a,b] = [5/4, 4/3]$ に (1) を適用し，
$$|x_{n+1} - \alpha| \leq \frac{1}{12}\left(\frac{16}{225}\right)^{2^n - 1} \quad (n = 1, 2, 3, \cdots)$$
を示せ．

第7章 初等関数のテイラー展開

7.1 テイラー展開

関数 $f(x)$ は開区間 (a,b) で何回でも微分可能な関数とする．例えば，すでに第1章で解説した一連の初等関数などである．$a < c < b$ となる c を1つ選ぶ．任意の x について，数列

$$f(c),\ f^{(1)}(c)(x-c),\ \frac{f^{(2)}(c)}{2!}(x-c)^2, \cdots,\ \frac{f^{(n)}(c)}{n!}(x-c)^n, \cdots$$

において，各項を前から順に + の記号で結んで得られる式

$$f(c) + f^{(1)}(c)(x-c) + \frac{f^{(2)}(c)}{2!}(x-c)^2 + \cdots + \frac{f^{(n)}(c)}{n!}(x-c)^n + \cdots\cdots$$

を関数 $f(x)$ の $x=c$ における**テイラーべき級数**とよぶ．$f(x)$ に $x=c$ におけるテイラーべき級数を対応させることを $f(x)$ の $x=c$ における**テイラー展開**という．記号で

$$f(x) \simeq \sum_{n=0}^{\infty} \frac{f^{(n)}(c)}{n!}(x-c)^n \tag{7.1}$$

とも表す．すなわち，

$$f(x) \simeq \sum_{n=0}^{\infty} a_n (x-c)^n \tag{7.2}$$

という表現は，本書では常に $a_n = f^{(n)}(c)/n!$ を意味し，(7.2) は，$f(x)$ の $x = c$ におけるテイラー展開 (7.1) を表す．$c = 0$ のときは，$x - 0$ の代わりに x とおく．すなわち，$x = 0$ においては，

$$f(x) \simeq \sum_{n=0}^{\infty} a_n(x-0)^n$$

の代わりに，

$$f(x) \simeq \sum_{n=0}^{\infty} a_n x^n$$

と表す[1]．

　テイラー展開に関して最も興味あることは，

$$f(x) = \sum_{n=0}^{\infty} \frac{f^{(n)}(c)}{n!}(x-c)^n \tag{7.3}$$

となるかどうかである．(7.3) の意味は，

$$f_n(x) = f(c) + f^{(1)}(c)(x-c) + \frac{f^{(2)}(c)}{2!}(x-c)^2 + \cdots + \frac{f^{(n)}(c)}{n!}(x-c)^n$$

とおいて，数列 $\{f_n(x)\}$ が $f(x)$ に収束するということである．すなわち，(7.3) は，

$$f(x) = \lim_{n \to \infty} \left(\sum_{k=0}^{n} \frac{f^{(k)}(c)}{k!}(x-c)^k \right) \tag{7.4}$$

となることを意味する．関数 $f(x)$ によって，(7.4) が成り立つ場合と成り立たない場合がある．例えば，$f(x)$ が多項式関数の場合は，1.1.1 項より，(7.4) はいつも成り立つ．いま，開区間 $(-\infty, \infty)$ 上で関数 $f(x)$ を

$$f(x) = \begin{cases} e^{-1/x} & (x \geq 0) \\ 0 & (x < 0) \end{cases}$$

---

[1] このとき，マクローリン展開とよぶことがある．

で与える.このとき,$f(x)$ は何回でも微分可能であり,任意の自然数 n について,$f^{(n)}(0) = 0$ [2]となるから,$c = 0$ の場合,$x > 0$ で (7.4) は成り立たない.6.2 節では,誤差評価関数

$$R_{n+1}(x) = f(x) - f_n(x)$$

を考察した.

例題 7.1 テイラー展開

$$f(x) \simeq \sum_{n=0}^{\infty} \frac{f^{(n)}(c)}{n!}(x-c)^n$$

において,(7.3) が成り立つための必要十分条件は,

$$\lim_{n \to \infty} R_{n+1}(x) = 0$$

となることである.

解答例 なぜなら,

$$\lim_{n \to \infty} \sum_{k=0}^{n} \frac{f^{(k)}(c)}{k!}(x-c)^k = \lim_{n \to \infty}(f(x) - R_{n+1}(x)) = f(x) - \lim_{n \to \infty} R_{n+1}(x)$$

(解答終わり)

以下の節で,第 1 章で紹介した初等関数の $x = 0$ におけるテイラー展開について,(7.3) が成り立つことをみていく.指数関数と二項関数についての $R_{n+1}(x)$ の評価が基本となる.

7.2 第 1 グループのテイラー展開

【例 7.1】(多項式関数) n 次多項式関数

$$f(x) = a_0 + a_1 x + \cdots + a_n x^n$$

---

[2] 演習問題 7.7 を参照.

は，$(-\infty, \infty)$ で何回でも微分可能であり，$x = 0$ に関するテイラー展開は，

$$f(x) \simeq a_0 + a_1 x + \cdots + a_n x^n + 0 x^{n+1} + 0 x^{n+2} + \cdots\cdots$$

である（ここで，$0x^{n+1} + 0x^{n+2} + \cdots\cdots$ を省略することもある）．1.1.1 項より，もちろん任意の x について，

$$f(x) = \lim_{n\to\infty} \left(\sum_{k=0}^{n} \frac{f^{(k)}(c)}{k!} (x-c)^k \right)$$

が成り立つ．

【例 7.2】（二項関数）　実数 a について，関数 $f(x) = (1+x)^a$ の $x = 0$ におけるテイラーべき級数を求めてみよう．この関数の定義域は開区間 $(-1, \infty)$ であり，何回でも微分可能である．

$$f^{(n)}(0) = a(a-1)\cdots(a-n+1)$$

であるから，$x = 0$ におけるテイラー展開は，

$$(1+x)^a \simeq 1 + \sum_{n=1}^{\infty} \frac{a(a-1)\cdots(a-n+1)}{n!} x^n$$

となる．この x^n の係数を**二項係数**とよび，

$$\binom{a}{n} = \frac{a(a-1)\cdots(a-n+1)}{n!}$$

と表す．便宜のために $\binom{a}{0} = 1$ とおく．a が n より大きな自然数のときには，a 個から n 個を選ぶ組み合わせの個数に等しい．この記号のもとでは，$x = 0$ におけるテイラー展開は，

$$(1+x)^a \simeq \sum_{n=0}^{\infty} \binom{a}{n} x^n$$

と表される．

さて，実数 $|x| < 1$ について，

$$(1+x)^a = \sum_{n=0}^{\infty} \binom{a}{n} x^n \tag{7.5}$$

となることを示す．例題 7.1 により，$\lim_{n \to \infty} R_{n+1}(x) = 0$ を示せばよい．まず，テイラーの定理（74 ページ）より，ある $0 < \theta < 1$ を適当に選べば，

$$R_{n+1}(x) = \frac{f^{(n+1)}(\theta x)}{(n+1)!} x^{n+1} = \binom{a}{n+1}(1+\theta x)^{a-n-1} x^{n+1}$$

が成り立つ．$0 \leq x < 1$ のとき $|1+\theta x|^{-n-1} \leq 1$ より，

$$|R_{n+1}(x)| \leq |1+\theta x|^a \left| \binom{a}{n+1} x^{n+1} \right|$$

となる．ここで，$a \geq 0$ なら $|1+\theta x|^{-a} \leq 2^a$，$a < 0$ なら $|1+\theta x|^a \leq 1$．よって，$M_+(a) = 2^a + 1$ とおくと，任意の a に対して，

$$|R_{n+1}(x)| \leq M_+(a) \left| \binom{a}{n+1} x^{n+1} \right| \quad (0 \leq x < 1)$$

である．次に定理 6.2（76 ページ）より，ある $0 < \theta < 1$ を選べば，

$$R_{n+1}(x) = \frac{f^{(n+1)}(\theta x)}{n!}(1-\theta)^n x^{n+1}$$
$$= \binom{a}{n+1}(n+1)(1+\theta x)^{a-n-1}(1-\theta)^n x^{n+1}$$

が成り立つ．$-1 < x < 0$ のとき $(1-\theta)^n/(1+\theta x)^n < 1$ より，

$$|R_{n+1}(x)| \leq |1+\theta x|^{a-1} \left| \binom{a}{n+1}(n+1) x^{n+1} \right|$$

となる．ここで，$a \geq 1$ なら $|1+\theta x|^{a-1} \leq 1$，$a < 1$ なら $|1+\theta x|^{a-1} < |1-\theta|^{a-1}$．よって，$M_-(a) = |1-\theta|^{a-1} + 1$ とおくと，任意の a に対して，

$$|R_{n+1}(x)| \leq M_-(a) \left| \binom{a}{n+1}(n+1) x^{n+1} \right| \quad (-1 < x < 0)$$

である．以上から，$M_+(a)$ と $M_-(a)$ の大きい方を $M(a)$ とおけば，

$$|R_{n+1}(x)| \leq M(a) \left|\binom{a}{n+1}\right|(n+1)|x|^{n+1} \quad (|x|<1) \tag{7.6}$$

である．したがって，次の補題を正しいとすると，

$$\lim_{k\to\infty} |R_{k+1}(x)| = 0$$

となる．特に，$a = -1$ のときは，

$$\frac{1}{1+x} = 1 - x + x^2 + \cdots + (-x)^n + \cdots \quad (|x|<1)$$

$$\frac{1}{1-x} = 1 + x + x^2 + \cdots + x^n + \cdots \quad (|x|<1)$$

である．

補題 7.1　任意の実数 a と $|x|<1$ なる実数 x に対して，

$$\lim_{n\to\infty} \frac{|a|^n}{n!} = 0, \quad \lim_{n\to\infty} \left|\binom{a}{n+1}\right|(n+1)|x|^{n+1} = 0 \tag{7.7}$$

となる[3]．

分数関数，無理関数については，第 10 章で明らかにする．

7.3　第 2 グループのテイラー展開

【例 7.3】(指数関数)　$f(x) = e^x$ は開区間 $(-\infty, \infty)$ で何回でも微分可能である．すべての自然数 n について $f^{(n)}(x) = e^x$ となり，特に $f^{(n)}(0) = f(0) = 1$ であるから，$x = 0$ におけるテイラー展開は，

$$e^x \simeq \sum_{n=0}^{\infty} \frac{x^n}{n!}$$

---

[3] 証明は，例題 9.5 (123 ページ) で示す．

である．任意の x について，
$$e^x = \sum_{n=0}^{\infty} \frac{x^n}{n!} \tag{7.8}$$
を示そう．例題 7.1 より，
$$\lim_{n \to \infty} R_{n+1}(x) = 0$$
を示せばよい．さて，テイラーの定理 (74 ページ) により，$0 \leq a(x) \leq 1$ を適当に選べば，
$$|R_{n+1}(x)| = \left| f^{(n+1)}(a(x)x) \frac{x^{n+1}}{(n+1)!} \right| \leq \frac{e^x |x|^{n+1}}{(n+1)!}$$
となるから，補題 7.1 より，$\lim_{n \to \infty} R_{n+1}(x) = 0$ を得る．

【例 7.4】(三角関数)　$f(x) = \sin x$ は，開区間 $(-\infty, \infty)$ で何回でも微分可能であり，
$$f^{(2n)}(x) = (-1)^n \sin x, \quad f^{(2n+1)}(x) = (-1)^n \cos x$$
であるから，$x = 0$ におけるテイラー展開は，
$$\sin x \simeq \sum_{n=0}^{\infty} \frac{(-1)^n}{(2n+1)!} x^{2n+1}, \quad \cos x \simeq \sum_{n=0}^{\infty} \frac{(-1)^n}{(2n)!} x^{2n}$$
となる．

任意の実数 x について，
$$\sin x = \sum_{n=0}^{\infty} \frac{(-1)^n}{(2n+1)!} x^{2n+1}, \quad \cos x = \sum_{n=0}^{\infty} \frac{(-1)^n}{(2n)!} x^{2n} \tag{7.9}$$
となることを示す．$f(x) = \sin x$ または $\cos x$ とおくとき，テイラーの定理 (74 ページ) により，$0 \leq a(x) \leq 1$ を適当に選べば，
$$R_{n+1}(x) = f^{(n+1)}(a(x)x) \frac{x^{n+1}}{(n+1)!}$$

となる.一方,$|f^{(n+1)}(a(x)x)|$ は $|\sin(a(x)x)|$ か $|\cos(a(x)x)|$ のどちらかであるから,いずれにしても 1 より小さい.すなわち,

$$|R_{n+1}(x)| \leq \frac{|x|^{n+1}}{(n+1)!}$$

となり,$\lim_{n \to \infty} R_{n+1}(x) = 0$ を得る.

【例 7.5】(双曲線関数) $\sinh x = (e^x - e^{-x})/2,\ \cosh x = (e^x + e^{-x})/2$ は開区間 $(-\infty, \infty)$ で何回でも微分可能であり,$x = 0$ におけるテイラー展開は,それぞれ

$$\sinh x \simeq \sum_{n=0}^{\infty} \frac{1}{(2n+1)!} x^{2n+1}, \quad \cosh x \simeq \sum_{n=0}^{\infty} \frac{1}{(2n)!} x^{2n}$$

となる.例 7.3 より,任意の x について,

$$\sinh x = \sum_{n=0}^{\infty} \frac{1}{(2n+1)!} x^{2n+1}, \quad \cosh x = \sum_{n=0}^{\infty} \frac{1}{(2n)!} x^{2n} \tag{7.10}$$

となる.

$f(x)$ が $\tan x,\ \tanh x$ の場合については,第 10 章で明らかにする.

7.4　第 3 グループのテイラー展開

関数 $f(x)$ の導関数 $f^{(1)}(x)$ の $x = c$ におけるテイラー展開を求めてみよう.$(f^{(1)})^{(n)}(x) = f^{(n+1)}(x)$ であるから,

$$f^{(1)}(x) \simeq \sum_{n=0}^{\infty} \frac{f^{(n+1)}(c)}{n!} (x - c)^n$$

となる.すなわち,関数 $f(x)$ の $x = c$ におけるテイラー展開が

$$f(x) \simeq \sum_{n=0}^{\infty} a_n (x - c)^n$$

であるとき，その導関数 $f^{(1)}(x)$ の $x=c$ におけるテイラー展開は

$$f^{(1)}(x) \simeq \sum_{n=0}^{\infty}(n+1)\,a_{n+1}(x-c)^n \tag{7.11}$$

となる．

次に，不定積分

$$F(x) = \int f(x)dx$$

の $x=c$ におけるテイラー展開を求めてみよう．自然数 $n>0$ について

$$F^{(n)}(x) = f^{(n-1)}(x)$$

であるから，

$$F(x) \simeq F(c) + \sum_{n=1}^{\infty} \frac{f^{(n-1)}(c)}{n!}(x-c)^n$$

となる．すなわち，関数 $f(x)$ の $x=c$ におけるテイラー展開が

$$f(x) \simeq \sum_{n=0}^{\infty} a_n(x-c)^n$$

であるとき，その不定積分 $F(x)$ の $x=c$ におけるテイラー展開は

$$F(x) \simeq F(c) + \sum_{n=0}^{\infty} \frac{a_n}{n+1}(x-c)^{n+1} \tag{7.12}$$

となる．

【例 7.6】(対数関数)　関数 $\log(1-x)$ の $x=0$ におけるテイラー展開を求めてみよう．関数 $f(x) = 1/(1-x)$ の $x=0$ におけるテイラー展開は

$$\frac{1}{1-x} \simeq 1 + x + x^2 + \cdots + x^n + \cdots\cdots$$

となる．したがって，(7.12) より，

$$-\log(1-x) \simeq \sum_{n=0}^{\infty} \frac{x^{n+1}}{n+1}$$

となる．

さて，このとき，

$$-\log(1-x) = \sum_{n=0}^{\infty} \frac{x^{n+1}}{n+1} \quad (|x| < 1) \tag{7.13}$$

となることを示す．$t \neq 1$ であれば，

$$\frac{1}{1-t} = \sum_{k=0}^{n} t^k - \frac{t^{n+1}}{1-t}$$

であるから，

$$-\log(1-x) = \int_0^x \frac{1}{1-t} dt = \int_0^x \left(\sum_{k=0}^{n} t^k\right) dt - \int_0^x \frac{t^{n+1}}{1-t} dt$$

$$= \sum_{k=0}^{n} \frac{x^{k+1}}{k+1} - \int_0^x \frac{t^{n+1}}{1-t} dt$$

である．$x < s < 1$ となるように s を定めると，

$$\left|\int_0^x \frac{t^{n+1}}{1-t} dt\right| \leq \left|\int_0^x \frac{|t|^{n+1}}{|1-t|} dt\right| \leq \int_0^s \frac{s^{n+1}}{1-s} dt = \frac{s^{n+2}}{1-s}$$

であるから，

$$\lim_{n \to \infty} \left|-\log(1-x) - \sum_{k=0}^{n} \frac{x^{k+1}}{k+1}\right| \leq \lim_{n \to \infty} \left|\int_0^x \frac{t^{n+1}}{1-t} dt\right|$$

$$\leq \lim_{n \to \infty} \frac{s^{n+2}}{1-s} = 0$$

である．

引き続き，第 3 グループの初等関数の $x = 0$ におけるテイラー展開を求めていこう．そのために，変数変換に関するテイラー展開の変化の様子を調べておこう．

補題 7.2 $g(x) = f(-x)$ とする. $f(x) \simeq \sum_{n=0}^{\infty} a_n x^n$ であれば, $g(x) \simeq \sum_{n=0}^{\infty} a_n (-1)^n x^n$ となる.

証明 実際, すべての自然数 n について,
$$g^{(n)}(0) = (-1)^n f^{(n)}(0)$$
となる. (証明終わり)

補題 7.3 $g(x) = f(x^2)$ とする. $f(x) \simeq \sum_{n=0}^{\infty} a_n x^n$ であれば, $g(x) \simeq \sum_{n=0}^{\infty} a_n x^{2n}$ となる.

証明 $f_n(x) = \sum_{k=0}^{n} a_k x^k$, $G_{2n}(x) = \sum_{k=0}^{n} a_k x^{2k}$ とおく. このとき, 系 6.1 (76 ページ) より,
$$|g(x) - G_{2n}(x)| = |f(x^2) - f_n(x^2)| = o(x^{2n})$$
となる. さらに系 6.1 により, $G_{2n}(x)$ は関数 $g(x)$ の $2n$ 次のテイラー多項式である. (証明終わり)

【例 7.7】(逆正弦関数, 逆余弦関数) 開区間 $(-1, 1)$ で, 関数 $1/\sqrt{1-x}$ を考察しよう. 補題 7.2 に注意して, 例 7.2 で求めたことより,
$$\frac{1}{\sqrt{1-x}} \simeq \sum_{n=0}^{\infty} \binom{-1/2}{n} (-1)^n x^n$$
であるから, 補題 7.3 より,
$$\frac{1}{\sqrt{1-x^2}} \simeq \sum_{n=0}^{\infty} \binom{-1/2}{n} (-1)^n x^{2n}$$
となる. 関数 $1/\sqrt{1-x^2}$ の不定積分は $\text{Arcsin}\, x$ であるから, (7.12) より,
$$\text{Arcsin}\, x \simeq \sum_{n=0}^{\infty} \binom{-1/2}{n} \frac{(-1)^n}{2n+1} x^{2n+1}$$

となる．簡単な計算より，

$$\binom{-1/2}{n}(-1)^n = \frac{(2n-1)!!}{(2n)!!}$$

である．以上より，

$$\mathrm{Arcsin}\, x \simeq \sum_{n=0}^{\infty} \frac{(2n-1)!!}{(2n)!!} \frac{1}{2n+1} x^{2n+1} \qquad (7.14)$$

となる．$\mathrm{Arccos}\, x$ については，$\mathrm{Arcsin}\, x + \mathrm{Arccos}\, x = \pi/2$ から得られる．

【例 7.8】（逆正接関数）　開区間 $(-1, 1)$ で，関数 $1/(1+x)$ を考察しよう．例 7.7 と同様に，

$$\frac{1}{1+x} \simeq \sum_{n=0}^{\infty} (-1)^n x^n, \quad \frac{1}{1+x^2} \simeq \sum_{n=0}^{\infty} (-1)^n x^{2n}$$

となる．関数 $1/(1+x^2)$ の不定積分は $\mathrm{Arctan}\, x$ であるから，

$$\mathrm{Arctan}\, x \simeq \sum_{n=0}^{\infty} \frac{(-1)^n x^{2n+1}}{2n+1}$$

となる．

【例 7.9】（逆双曲線正弦関数）　開区間 $(-1, 1)$ で，関数 $1/\sqrt{1+x}$ を考察しよう．例 7.7 と同様に，

$$\frac{1}{\sqrt{1+x}} \simeq \sum_{n=0}^{\infty} \binom{-1/2}{n} x^n, \quad \frac{1}{\sqrt{1+x^2}} \simeq \sum_{n=0}^{\infty} \binom{-1/2}{n} x^{2n}$$

となる．関数 $1/\sqrt{1+x^2}$ の不定積分は $\mathrm{Arcsinh}\, x$ であるから，

$$\mathrm{Arcsinh}\, x \simeq \sum_{n=0}^{\infty} \binom{-1/2}{n} \frac{1}{2n+1} x^{2n+1} \qquad (7.15)$$

となる．よって，

$$\mathrm{Arcsinh}\, x \simeq \sum_{n=0}^{\infty} \frac{(-1)^n (2n-1)!!}{(2n)!!} \frac{1}{2n+1} x^{2n+1} \qquad (7.16)$$

となる.

【例 7.10】(逆双曲線正接関数)　開区間 $(-1, 1)$ で,関数 $1/(1+x)$ を考察しよう. 例 7.7 と同様に,

$$\frac{1}{1-x} \simeq \sum_{n=0}^{\infty} x^n, \quad \frac{1}{1-x^2} \simeq \sum_{n=0}^{\infty} x^{2n}$$

となる. 関数 $1/(1-x^2)$ の不定積分は $\mathrm{Arctanh}\, x$ であるから,

$$\mathrm{Arctanh}\, x \simeq \sum_{n=0}^{\infty} \frac{1}{2n+1} x^{2n+1} \tag{7.17}$$

となる.

定理 7.1　ε は 1 か -1 のいずれかを表すものとし, a を実数とする. $|x| < 1$ を定義域とする何回でも微分可能な関数 $f(x)$ を

$$f(x) = \int_0^x (1+\varepsilon\, x^2)^a \, dx$$

で定義する. このとき, $|x| < 1$ なる限り,

$$f(x) = \sum_{n=0}^{\infty} \frac{f^{(n)}(0)}{n!} x^n$$

となる.

証明　二項関数について,

$$(1+x)^a = \sum_{k=0}^{n} \binom{a}{k} x^k + R_{n+1}(x)$$

とおく. このとき,

$$(1+\varepsilon x^2)^a = \sum_{k=0}^{n} \binom{a}{k} \varepsilon^k x^{2k} + R_{n+1}(\varepsilon\, x^2)$$

であるから，$|\varepsilon x^2| < 1$ に注意して，(7.6) と補題 7.1 より，

$$\left|\int_0^x R_{n+1}(\varepsilon x^2)\,dx\right| \leq M(a)\left|\binom{a}{n+1}(n+1)\right|\left|\int_0^x x^{2n+2}\,dx\right|$$
$$= M(a)\left|\binom{a}{n+1}(n+1)\right|\frac{|x|^{2n+3}}{2n+3}$$
$$\leq M(a)\left|\binom{a}{n+1}(n+1)\right||x|^{n+1} \longrightarrow 0 \quad (n \to \infty)$$

となる．(7.12) より，結論を得る． (証明終わり)

系 7.1 $f(x)$ は $\operatorname{Arcsin} x, \operatorname{Arccos} x, \operatorname{Arctan} x, \operatorname{Arcsinh} x, \operatorname{Arctanh} x$ のいずれかとする．このとき，$f(x)$ の $x = 0$ におけるテイラー展開

$$f(x) \simeq \sum_{n=0}^{\infty} \frac{f^{(n)}(0)}{n!} x^n$$

について，$|x| < 1$ なる限り，

$$f(x) = \sum_{n=0}^{\infty} \frac{f^{(n)}(0)}{n!} x^n$$

となる．

証明 例 7.7-7.10 より，$f(x)$ は定理 7.1 の特別な場合であることがわかる．
(証明終わり)

演習問題

[A]

問題 7.1 次の関数の $x=0$ におけるテイラー展開を求めよ．

$$(1)\ (\cos x)^3 \qquad (2)\ \frac{1}{x^2+x-2}$$

問題 7.2 $f(x) \simeq \sum_{n=1}^{\infty} x^{n+1}/n(n+1)$ である関数 $f(x)$ を求めよ．

問題 7.3 $f(x) \simeq \sum_{n=0}^{\infty} a_n x^n$, $g(x) \simeq \sum_{n=0}^{\infty} b_n x^n$, $f(x)g(x) \simeq \sum_{n=0}^{\infty} c_n x^n$ とすると，$c_n = \sum_{k=0}^{n} a_k b_{n-k}$ であることを示せ．

問題 7.4 $\sin x/(1-x)$ の $x=0$ におけるテイラー展開を求めよ．

問題 7.5 $f(x) \simeq \sum_{n=1}^{\infty} n^2 x^n$ である関数 $f(x)$ を求めよ．

問題 7.6 関数 $f(x)$ を $f(x) = x^n$ $(x>0)$, $f(x) = 0$ $(x \leq 0)$ とする (n は自然数)．$f(x)$ は区間 $(-\infty, \infty)$ で $n-1$ 回微分可能で，$f^{(n-1)}(0) = 0$ であることを示せ．

[B]

問題 7.7 (1) 自然数 n に対し，$(e^{1/x})^{(n)} = e^{1/x}(-1)^n x^{-2n} P_n(x)$ とおくと，$P_n(x)$ は x の $n-1$ 次多項式であることを示せ．
(2) 関数 $f(x)$ を $f(x) = e^{-1/x}$ $(x>0)$, $f(x) = 0$ $(x \leq 0)$ とする．$f(x)$ は区間 $(-\infty, \infty)$ で何回でも微分可能で，任意の自然数 n に対し $f^{(n)}(0) = 0$ であることを示せ．

III
初等解析の楽しみ

　第 I 部と第 II 部を通して完成した実用的な「初等微積分」は，「初等解析」に十分に強力な手段を提供する．「初等解析」においては初等関数が自由自在に扱えることが必要である．第 III 部では，初等関数を，理論的に考察して理解を深める．そのために，べき級数について必要となることを「初等微積分」の範囲で解説し，多項式関数の自然な拡張である実解析的関数を導入する．初等関数がからむ広義積分，フーリエ変換などが，高校数学のレベルでもしっかり理解でき，計算できることが自然に納得できるであろう．「初等解析」の一端を読者が楽しんでくれることを期待する．

　第 8 章では高校で学んだ級数について，理解を深める．第 9 章では，幾何級数の面白い発展であるべき級数について解説する．第 10 章では，べき級数で定義される関数の微積分について解説する．第 11 章では実解析的関数を導入して，2 階線形常微分方程式の解を求める．第 12 章では高校で学んだ定積分を発展させて，複素平面内の曲線に沿った線積分を考える．そして，べき級数で定義される関数についてのコーシーの積分定理を証明する．これは初等解析で最も有用な定理の 1 つである．その応用として，第 13 章では，留数の定理を証明する．これは初等関数がからむ広義積分，フーリエ変換を具体的に計算する手段を与える．

第 8 章　級数の収束

8.1　複素数の級数

複素数の数列

$$a_0, \ a_1, \ a_2, \cdots, \ a_n, \cdots\cdots$$

において，各項を前から $+$ の記号で結んで得られる式

$$a_0 + a_1 + a_2 + \cdots + a_n + \cdots\cdots \tag{8.1}$$

を**複素数の級数**とよぶ．これが**収束級数**であるとは，$s_n = \sum_{k=0}^{n} a_k$ とおいて得られる複素数の数列

$$s_0, \ s_1, \ s_2, \cdots, \ s_n, \cdots$$

が収束数列となることである．(8.1) の代わりに，しばしば，

$$\sum_{n=0}^{\infty} a_n \tag{8.2}$$

で表し，これが収束するときには，混乱の恐れがない限り，同時にその極限値を表すことにする．したがって，

$$\sum_{n=0}^{\infty} a_n = A \tag{8.3}$$

という表現があるとき，これは級数
$$a_0 + a_1 + \cdots + a_n + \cdots\cdots$$
が収束級数であり，その極限値が A であることを意味する．すなわち，
$$\lim_{n\to\infty}\sum_{k=0}^{n} a_k = A$$
ということである．値 A を級数の**和**という．

例題 8.1　$0 \leq r < 1$ となる r について，
$$\sum_{n=0}^{\infty} r^n = \frac{1}{1-r}$$
であることを示せ．すなわち，級数
$$1 + r + r^2 + \cdots + r^n + \cdots\cdots$$
は収束級数であり，その極限は $1/(1-r)$ であることを示せ．

解答例　$\lim_{n\to\infty} r^n = 0$ であるから，
$$\lim_{n\to\infty}\sum_{k=0}^{n} r^k = \lim_{n\to\infty}\frac{1-r^{n+1}}{1-r} = \frac{1}{1-r}$$
となる．（解答終わり）

例題 8.2　複素数の級数
$$a_0 + a_1 + \cdots + a_n + \cdots\cdots$$
が収束級数であれば，$\lim_{m\to\infty} a_m = 0$ であることを示せ．

解答例　$A = \sum_{n=0}^{\infty} a_n$ とおく．$s_n = \sum_{k=0}^{n} a_k$ とおいて得られる複素数の数列
$$s_0, \ s_1, \ s_2, \cdots, \ s_n, \cdots$$

が A に収束する．$t_n = s_{n-1}$ とおくと，$\lim_{n\to\infty} t_n = A$ である．命題 3.1 (31 ページ) の (1) と (2) により，

$$\lim_{n\to\infty} a_n = \lim_{n\to\infty}(s_n - t_n) = \lim_{n\to\infty} s_n - \lim_{n\to\infty} t_n = 0$$

を得る．(解答終わり)

例題 8.2 の逆は，一般には成り立たないことを演習問題 8.5 で示す．

8.2 有界正項級数

定理 8.1 実数の級数

$$c_0 + c_1 + c_2 + \cdots + c_n + \cdots \cdots \tag{8.4}$$

は，すべての自然数 n について $c_n \geq 0$ とする．これが収束級数であるための必要十分条件は，適当に正数 M を選ぶとき，任意の n について，$c_0 + c_1 + c_2 + \cdots + c_n < M$ となることである．このとき，極限値 $\sum_{n=0}^{\infty} c_n$ について，

$$\sum_{n=0}^{\infty} c_n \leq M$$

が成り立つ．このとき，級数 (8.4) を**有界正項級数**とよぶ．

証明 $s_n = c_0 + c_1 + c_2 + \cdots + c_n$ とおくと，$m < n$ であれば $s_m \leq s_n < M$ となるから，基本事実 3.1 (32 ページ) より主張が証明される．(証明終わり)

命題 8.1 複素数の級数

$$c_0 + c_1 + c_2 + \cdots + c_n + \cdots \cdots \tag{8.5}$$

について，

$$|c_0| + |c_1| + |c_2| + \cdots + |c_n| + \cdots \cdots$$

が収束級数であれば，(8.5) もまた収束級数である．このとき，複素数の級数 (8.5) を**絶対収束級数**とよぶ．

証明 (1) まず，すべての c_n が実数の場合に証明する．数列 $\{p_n\}, \{q_n\}$ を次のように定める．

$$p_n = \begin{cases} c_n & (c_n \geq 0) \\ 0 & (c_n < 0) \end{cases}, \qquad q_n = \begin{cases} -c_n & (c_n \leq 0) \\ 0 & (c_n > 0) \end{cases}$$

このとき，$c_n = p_n - q_n$ であり，

$$\sum_{n=0}^{\infty} p_n \leq \sum_{n=0}^{\infty} |c_n| < \infty, \quad \sum_{n=0}^{\infty} q_n \leq \sum_{n=0}^{\infty} |c_n| < \infty$$

となるから，数列 $\{p_n\}, \{q_n\}$ は有界正項級数である．定理 8.1 より，

$$\sum_{n=0}^{\infty} p_n = P < \infty, \quad \sum_{n=0}^{\infty} q_n = Q < \infty$$

となる．そして，

$$\sum_{n=0}^{\infty} c_n = \sum_{n=0}^{\infty} (p_n - q_n) = \sum_{n=0}^{\infty} p_n - \sum_{n=0}^{\infty} q_n = P - Q$$

となる．

(2) 一般の場合，$c_n = a_n + i\, b_n$ とおく．すると，$|a_n| \leq |c_n|, |b_n| \leq |c_n|$ であるから，

$$\sum_{n=0}^{\infty} |a_n| \leq \sum_{n=0}^{\infty} |c_n| < \infty, \quad \sum_{n=0}^{\infty} |b_n| \leq \sum_{n=0}^{\infty} |c_n| < \infty$$

となるので，(1) より，

$$\sum_{n=0}^{\infty} a_n = A, \quad \sum_{n=0}^{\infty} b_n = B$$

となり，

$$\sum_{n=0}^{\infty} c_n = A + i\, B$$

となる． (証明終わり)

定理 8.2 (優級数による判定定理)　実数の級数

$$a_0 + a_1 + \cdots + a_n + \cdots \cdots \tag{8.6}$$

は収束級数であり，かつすべての n に対して $a_n \geq 0$ とする．複素数の級数

$$b_0 + b_1 + \cdots + b_n + \cdots \cdots \tag{8.7}$$

がすべての n について，$|b_n| \leq a_n$ を満たせば，(8.7) は絶対収束する．このとき，(8.6) を (8.7) の**優級数**とよぶ．

証明　実際，

$$\sum_{n=0}^{\infty} |b_n| \leq \sum_{n=0}^{\infty} a_n < \infty$$

であるから，定理 8.1 より主張は証明される．　　　　　　　　(証明終わり)

8.3　二重級数定理

任意の自然数の組 (m, n) について，複素数 $a_{m,n}$ が対応している二重数列を考える．すなわち次のように並んでいると思えばよい．

$$\begin{matrix} \vdots & \vdots & & \vdots & \\ a_{0,n}, & a_{1,n}, & \cdots, & a_{m,n}, & \cdots \\ \vdots & \vdots & & \vdots & \\ a_{0,1}, & a_{1,1}, & \cdots, & a_{m,1}, & \cdots \\ a_{0,0}, & a_{1,0}, & \cdots, & a_{m,0}, & \cdots \end{matrix} \tag{8.8}$$

(8.8) の各項を + の記号で結んで得られる式を，複素数の**二重級数**とよぶ．すなわち，次のような式になる．

$$
\begin{array}{ccccccccc}
\vdots & & \vdots & & \vdots & & \vdots & & \vdots \\
+ & & + & & + & & + & & + \\
a_{0,n} & + & a_{1,n} & + & \cdots & + & a_{m,n} & + & \cdots \\
+ & & + & & + & & + & & + \\
\vdots & & \vdots & & \vdots & & \vdots & & \vdots \\
+ & & + & & + & & + & & + \\
a_{0,1} & + & a_{1,1} & + & \cdots & + & a_{m,1} & + & \cdots \\
+ & & + & & + & & + & & + \\
a_{0,0} & + & a_{1,0} & + & \cdots & + & a_{m,0} & + & \cdots
\end{array}
\tag{8.9}
$$

表記が大変なので，(8.8) を $\{a_{m,n}\}$ と表記し，(8.9) を，

$$\sum_{m,n=0}^{\infty} a_{m,n} \tag{8.10}$$

で表す．この二重級数の和を，次に述べる特別な場合に定義する．

定理 8.3 (二重級数定理) 自然数 m, n について複素数 $a_{m,n}$ が与えられたとする．このとき，

$$\sum_{n=0}^{\infty}\left(\sum_{k=0}^{n}|a_{k,n-k}|\right), \sum_{n=0}^{\infty}\left(\sum_{m=0}^{\infty}|a_{m,n}|\right), \sum_{m=0}^{\infty}\left(\sum_{n=0}^{\infty}|a_{m,n}|\right) \tag{8.11}$$

のうちの 1 つが収束すれば，他の 2 つも収束して，3 つの値は一致する．さらに，このとき，

$$\sum_{n=0}^{\infty}\left(\sum_{k=0}^{n}a_{k,n-k}\right), \sum_{n=0}^{\infty}\left(\sum_{m=0}^{\infty}a_{m,n}\right), \sum_{m=0}^{\infty}\left(\sum_{n=0}^{\infty}a_{m,n}\right) \tag{8.12}$$

のいずれも収束して，3 つの値は一致する．このとき，複素数の二重級数

$$\sum_{m,n=0}^{\infty} a_{m,n}$$

は絶対収束するといい，3つの一致した値を混乱の恐れがないとき，

$$\sum_{m,n=0}^{\infty} a_{m,n}$$

で表す．

証明 まず，最初の主張を証明するために，$a_{m,n}$ が実数で $a_{m,n} \geq 0$ としよう．$\sum_{n=0}^{\infty}(\sum_{k=0}^{n} a_{k,n-k}) = M$ とすると，

$$\sum_{l=0}^{n}(\sum_{k=0}^{m} a_{k,l}) \leq \sum_{l=0}^{m+n}\sum_{k=0}^{l} a_{k,l-k} \leq \sum_{l=0}^{\infty}(\sum_{k=0}^{l} a_{k,l-k}) = M$$

であるから（図 8.1 の左の図を参照），定理 8.1 と命題 3.1（31 ページ）の

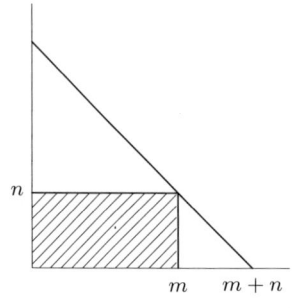

図 8.1

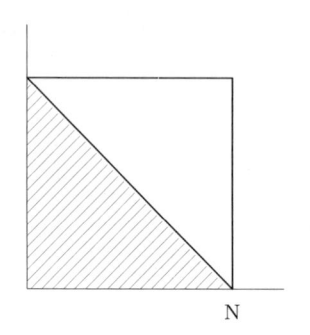

(5) により，

$$\lim_{m \to \infty} \sum_{l=0}^{n}(\sum_{k=0}^{m} a_{k,l}) \leq M$$

である．すなわち，

$$\sum_{l=0}^{n}(\sum_{k=0}^{\infty} a_{k,l}) \leq M$$

である．定理 8.1 より，
$$\sum_{l=0}^{\infty}(\sum_{k=0}^{\infty} a_{k,l}) = \lim_{n\to\infty}\sum_{l=0}^{n}(\sum_{k=0}^{\infty} a_{k,l}) \leq M$$
である．すなわち，(8.11) の 1 番目の二重級数が収束すれば，2 番目の二重級数も収束してその和 S は $S \leq M$ を満たす．

次に，
$$\sum_{n=0}^{\infty}(\sum_{m=0}^{\infty} a_{m,n}) = S < \infty$$
とする．
$$\sum_{n=0}^{N}(\sum_{k=0}^{n} a_{k,n-k}) \leq \sum_{n=0}^{N}(\sum_{k=0}^{N} a_{k,n}) \leq \sum_{n=0}^{N}(\sum_{k=0}^{\infty} a_{k,n}) \leq S$$
であるから（図 8.1 の右の図を参照），定理 8.1 により，
$$\sum_{n=0}^{\infty}(\sum_{k=0}^{n} a_{k,n-k}) = \lim_{N\to\infty}\sum_{n=0}^{N}(\sum_{k=0}^{n} a_{k,n-k}) \leq S$$
となる．すなわち，2 番目が収束すれば，1 番目が収束し，それぞれの和 M, S は，不等式 $M \leq S$ を満たす．一方，$S \leq M$ であったから，$M = S$ となる．1 番目と 3 番目についても，同様に考察できる．

さて，$a_{m,n}$ を複素数として，後半の主張を証明しよう．任意の自然数 N について（図 8.2 参照），
$$|\sum_{n=0}^{N}\sum_{k=0}^{n} a_{k,n-k} - \sum_{n=0}^{N}\sum_{m=0}^{\infty} a_{m,n}|$$
$$= |\sum_{n=0}^{N}\sum_{m=N+1-n}^{\infty} a_{m,n}| \leq \sum_{n=0}^{N}\sum_{m=N+1-n}^{\infty} |a_{m,n}|$$
$$\leq \sum_{n=N+1}^{\infty}\sum_{k=0}^{n} |a_{k,n-k}|$$

8.3 二重級数定理

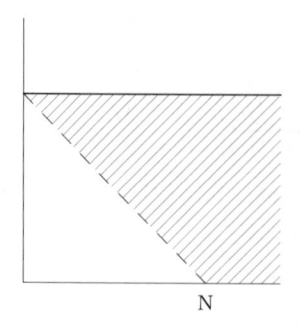

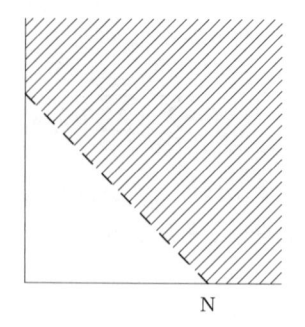

図 8.2

であるが，最後の項は $N \longrightarrow \infty$ のとき 0 に収束するから，

$$\sum_{n=0}^{\infty}(\sum_{k=0}^{n} a_{k,n-k}) = \sum_{n=0}^{\infty}(\sum_{m=0}^{\infty} a_{m,n})$$

となる．1番目と3番目についても，同様に考察できる．　　　（証明終わり）

例題 8.3　　$\sum_{n=0}^{\infty} a_n$, $\sum_{n=0}^{\infty} b_n$ が共に絶対収束級数ならば，二重級数 $\sum_{m,n=0}^{\infty} a_m b_n$ も絶対収束級数であり，

$$\sum_{m,n=0}^{\infty} a_m b_n = (\sum_{n=0}^{\infty} a_n)(\sum_{n=0}^{\infty} b_n)$$

であることを示せ．

解答例　任意の N について，

$$\sum_{n=0}^{N}(\sum_{m=0}^{\infty} |a_m b_n|) = \sum_{n=0}^{N} |b_n|(\sum_{m=0}^{\infty} |a_m|)$$
$$\leq (\sum_{n=0}^{\infty} |b_n|)(\sum_{m=0}^{\infty} |a_n|)$$

であるから，定理 8.1 より，級数

$$\sum_{n=0}^{\infty}(\sum_{m=0}^{\infty} |a_m b_n|)$$

110　第 8 章　級数の収束

は収束級数である. 定理 8.3 より, $\sum_{m,n=0}^{\infty} a_m b_n$ は絶対収束級数である. さらに,

$$\sum_{m,n=0}^{\infty} a_m b_n = \sum_{m=0}^{\infty} \sum_{n=0}^{\infty} a_m b_n$$
$$= \sum_{m=0}^{\infty} a_m (\sum_{n=0}^{\infty} b_n) = (\sum_{n=0}^{\infty} a_n)(\sum_{n=0}^{\infty} b_n)$$

となる.(解答終わり)

演習問題

[A]

問題 8.1 数列 $\{a_n\}$ $(a_n > 0)$ が $\lim_{n \to \infty} a_{n+1}/a_n = R$ となるとき次を示せ.

$$\sum_{n=0}^{\infty} a_n = \begin{cases} < \infty & (0 < R < 1) \\ = \infty & (1 < R \leq \infty) \end{cases}$$

問題 8.2 数列 $\{a_n\}$ $(a_n \geq 0)$ が $\lim_{n \to \infty} \sqrt[n]{a_n} = R$ となるとき次を示せ.

$$\sum_{n=0}^{\infty} a_n = \begin{cases} < \infty & (0 \leq R < 1) \\ = \infty & (1 < R \leq \infty) \end{cases}$$

問題 8.3 次の級数の収束について調べよ.

(1) $\sum_{n=1}^{\infty} \dfrac{1}{n(n+5)}$ (2) $\sum_{n=1}^{\infty} \dfrac{n}{(n+1)!}$

(3) $\sum_{n=1}^{\infty} \dfrac{1}{n^s}$ $(s > 0, s \neq 1)$ (4) $\sum_{n=1}^{\infty} \left(\dfrac{n}{n+1} \right)^{n^2}$

(5) $\sum_{n=1}^{\infty} \dfrac{(n!)^2}{(2n)!}$

問題 8.4 数列 $\{a_n\}, \{b_n\}$ $(a_n > 0, b_n > 0)$ が $\lim_{n \to \infty} a_n/b_n = k$ $(0 < k <$

∞) となるとき次を示せ.
$$\sum_{n=0}^{\infty} a_n < \infty \iff \sum_{n=0}^{\infty} b_n < \infty$$

問題 8.5 級数 $\sum_{n=1}^{\infty} 1/n$ は収束しないことを示せ.

[B]

問題 8.6 二重級数 $\sum_{n=0}^{\infty} \sum_{k=0}^{n} (1/4)^k (1/3)^{n-k}$ の値を計算せよ.

問題 8.7 二重級数
$$\sum_{m,n=1}^{\infty} \frac{1}{(m+n)^s}$$

が絶対収束する s の範囲を求めよ. ただし, $\sum_{n=1}^{\infty} n^{-s}$ は $s>1$ のとき収束し, $s \leq 1$ のとき発散する事実は仮定してよい.

問題 8.8 実数 $a \geq 0, b \geq 0$ について, 二重級数
$$\sum_{n=0}^{\infty} \sum_{m=0}^{\infty} \binom{m+n}{m} a^m b^n$$

が有限になる a, b のとり得る範囲を求めよ.

第9章 べき級数の収束

9.1 絶対収束べき級数

複素数の数列
$$a_0, \ a_1 z, \ a_2 z^2, \cdots, \ a_n z^n, \cdots\cdots$$
において,各項を前から順に + の記号で結んで得られる式
$$a_0 + a_1 z + a_2 z^2 + \cdots + a_n z^n + \cdots\cdots \tag{9.1}$$
を**べき級数**という.これが収束級数であるとき,**収束べき級数**という.さらに,絶対収束級数であるとき,**絶対収束べき級数**という.

べき級数は第 8 章で扱った級数の特別な場合であるから,(8.2)(102 ページ) の記号法から,べき級数 (9.1) を,しばしば,
$$\sum_{n=0}^{\infty} a_n z^n$$
で表し,これが収束するとき,混乱の恐れがない限り,同時にその極限値を表すとする.したがって,
$$\sum_{n=0}^{\infty} a_n z^n = A$$
という表現があるとき,これはべき級数
$$a_0 + a_1 z + a_2 z^2 + \cdots + a_n z^n + \cdots\cdots$$

が収束べき級数であり，その極限値が A であることを表す．すなわち，

$$\lim_{n\to\infty}\sum_{k=0}^{n}a_k\,z^k = A$$

ということである．値 A を，べき級数の和という．

　べき級数 (9.1) から派生した別のべき級数を，しばしば，同時に考える必要がでてくる．例えば，別の複素数 w について，

$$a_0 + a_1\,w + \cdots + a_n\,w^n + \cdots\cdots, \tag{9.2a}$$

$$a_0 + a_1(z-w) + \cdots + a_n(z-w)^n + \cdots\cdots \tag{9.2b}$$

あるいは，

$$a_0 + 0\,z + a_1\,z^2 + 0\,z^3 + a_2\,z^4 + \cdots + 0\,z^{2n-1} + a_n\,z^{2n} + \cdots\cdots \tag{9.3}$$

などである[1]．このとき，異なる z, w に対しては，べき級数 (9.1) は収束するが，級数 (9.2) は収束しないこともある．これらのことを区別して，議論を進めるための有用な記号として，複素数の数列 $\{a_n\}$ に対して，べき級数 $\{a_n\}[z]$ を，

$$\{a_n\}[z] = a_0 + a_1 z + a_2\,z^2 + \cdots + a_n\,z^n + \cdots\cdots$$

と定義する．$S = \{a_n\}$ とおけば，

$$S[w] = a_0 + a_1\,w + \cdots + a_n\,w^n + \cdots\cdots$$

であるから，$S[w]$ は級数 (9.2a) を表し，

$$S[z-w] = a_0 + a_1(z-w) + \cdots + a_n(z-w)^n + \cdots\cdots$$

---

[1] 便宜上これを $a_0 + a_1\,z^2 + a_2\,z^4 + \cdots + a_n\,z^{2n} + \cdots\cdots$ と表すこともある．

であるから，$S[z-w]$ は，級数 (9.2b) を表す．数列 $T=\{b_n\}$ を $b_{2n-1}=0$, $b_{2n}=a_n$ で定義すれば，

$$T[z] = b_0 + b_1 z + b_2 z^2 + \cdots + b_n z^n + \cdots\cdots$$
$$= a_0 + 0\,z + a_1 z^2 + 0\,z^3 + a_2 z^4 + \cdots + 0\,z^{2n-1} + a_n z^{2n} + \cdots\cdots$$

であるから，$T[z]$ は級数 (9.3) を表す．

以下においては，この記号法を採用するので，例えば，

$$U[z] = c_0 + c_1 z + c_2 z^2 + \cdots + c_n z^n + \cdots\cdots$$

という表現は，必ず $U=\{c_n\}$ を意味する．

級数

$$S[z] = a_0 + a_1 z + \cdots + a_n z^n + \cdots\cdots$$

が収束べき級数のとき，その極限値を $S(z)$ で表す．すなわち，

$$S(z) = \lim_{n\to\infty} \sum_{k=0}^{n} a_k z^k \tag{9.4}$$

と定義する．例えば，べき級数

$$S[z] = 1 + z + z^2 + 0\,z^3 + 0\,z^4 + \cdots + 0\,z^n + \cdots\cdots$$

は，収束べき級数であり，$S(z) = 1 + z + z^2$ である．

2つのべき級数

$$S[z] = a_0 + a_1 z + \cdots + a_n z^n + \cdots\cdots$$
$$T[z] = b_0 + b_1 z + \cdots + b_n z^n + \cdots\cdots$$

に対して，記号 $S[z] = T[z]$ は，常に，

$$a_0 = b_0,\ a_1 = b_1, \cdots,\ a_n = b_n, \cdots\cdots$$

を意味するものとする．しかし，$S[z] \neq T[z]$ であっても，$S(z) = T(z)$ ということがありうる．例えば，

$$S[z] = 1 + 2z + 0\,z^2 + \cdots + 0\,z^n + \cdots\cdots$$
$$T[z] = 1 + z + z^2 + \cdots + z^n + \cdots\cdots$$

とするとき，$S[z] \neq T[z]$ であるが，$S(1/2) = T(1/2) = 2$ である．

注意 9.1 これらの記号法のもとでも，混乱の恐れがないときは，$S[z]$ と $S(z)$ の両方を同じ記号 $\sum_{n=0}^{\infty} a_n z^n$ で表すことがある．

定義 9.1 べき級数

$$S[z] = a_0 + a_1 z + \cdots + a_n z^n + \cdots\cdots$$

に対して，べき級数 $D^1 S[z]$, $IS[z]$ を次のように定義する．

$$D^1 S[z] = a_1 + 2a_2\,z + \cdots + (n+1)a_{n+1} z^n + \cdots\cdots \tag{9.5}$$
$$IS[z] = 0 + a_0\,z + \frac{a_1}{2} z^2 + \cdots + \frac{a_{n-1}}{n} z^n + \cdots\cdots \tag{9.6}$$

さらに，$D^0 S[z] = S[z]$ とおき，任意の自然数 k に対して，$D^k S[z]$ を帰納的に $D^k S[z] = D^1(D^{k-1}S)[z]$ で定義する．すなわち，

$$\begin{aligned}D^k S[z] = k!a_k + (k+1)k\cdots 2\,a_{k+1} z + \cdots \\+ (n+k)(n+k-1)\cdots(n+1)a_{n+k} z^n + \cdots\cdots\end{aligned} \tag{9.7}$$

である．

例題 9.1

$$S[z] = 1 + z + z^2 + \cdots + z^n + \cdots\cdots$$

について，複素数 w が $r = |w| < 1$ を満たす限り，$S[w]$ は絶対収束することを示し，$S(w) = 1/(1-w)$ となることを示せ．

解答例 $0 < r < 1$ であるから，例題 8.1 (103 ページ) により $S[r]$ は収束する．したがって，$S[r]$ は $S[w]$ の優級数になっている．優級数による判定定理 (106 ページ) より，複素数の級数

$$S[w] = 1 + w + w^2 + \cdots + w^n + \cdots\cdots$$

は，$|w| < 1$ である限り絶対収束する．このとき，

$$\lim_{n \to \infty} \left(\sum_{k=0}^{n} w^k \right) = \lim_{n \to \infty} \frac{1 - w^{n+1}}{1 - w}$$
$$= \frac{1 - \lim_{n \to \infty} w^{n+1}}{1 - w} = \frac{1}{1 - w}$$

となる．(解答終わり)

定理 9.1 複素数 z に対して，べき級数

$$S[z] = a_0 + a_1 z + \cdots + a_n z^n + \cdots\cdots$$

が収束すれば，$|w| < |z|$ なる任意の複素数 w について，

$$S[w] = a_0 + a_1 w + \cdots + a_n w^n + \cdots\cdots$$

は絶対収束する．

証明 条件から，例題 8.2（103 ページ）により，

$$\lim_{n \to \infty} (a_n z^n) = 0$$

である．よって，

$$\lim_{n \to \infty} |a_n z^n| = 0$$

であるから，定義 3.4 (35 ページ) において，$\varepsilon = 1$ として，適当に番号 l を選べば，$n \geq l$ のとき対応する $|a_n z^n|$ が不等式 $|a_n z^n| < 1$ を満たす．こ

のとき，$|w/z| < 1$ に注意すると，

$$\sum_{n=0}^{\infty} |a_n| |w^n| = \sum_{n=0}^{\infty} |a_n z^n| \left|\frac{w}{z}\right|^n$$
$$< \sum_{n=0}^{l-1} |a_n z^n| \left|\frac{w}{z}\right|^n + \sum_{n=l}^{\infty} \left|\frac{w}{z}\right|^n < \infty$$

となる． (証明終わり)

例題 9.2　複素数 z に対して，べき級数

$$S[z] = a_0 + a_1 z + \cdots + a_n z^n + \cdots\cdots$$

が収束しなければ，$|w| > |z|$ なる任意の複素数 w についても

$$S[w] = a_0 + a_1 w + \cdots + a_n w^n + \cdots\cdots$$

は収束しない．

解答例　これは定理 9.1 からわかる．(解答終わり)

9.2　ダランベールの公式

定理 9.1 より，

$$S[z] = a_0 + a_1 z + \cdots + a_n z^n + \cdots\cdots$$

をべき級数とするとき，正数 r について $S[r]$ が絶対収束するならば，$|w| < r$ なる複素数 w について，べき級数 $S[w]$ は絶対収束する．$S[z]$ について，$S[r]$ が絶対収束する実数 $r \geq 0$ の集合を I で表そう．もちろん，$0 \in I$ である．定理 9.1 より，$r \in I, r > 0$ ならば，

$$[0, r] \subset I$$

となる．したがって，次の補題を得る．

補題 9.1 $0 \leq \rho \leq \infty$ が次の条件で一意的に定まる[2].
(1) $|z| < \rho$ ならば, $S[z]$ は絶対収束する.
(2) $|z| > \rho$ ならば, $S[z]$ は収束しない.
このとき, ρ をべき級数 $S[z]$ の**収束半径**とよぶ.

注意 9.2 上記において, $|z| = \rho$ の場合については, 何の条件もおいていないことに注意されたい. また, $S[z]$ と $S[w]$ の収束半径は等しい. $S[z]$ と同時に, べき級数

$$T[z] = b_0 + b_1 z + \cdots + b_n z^n + \cdots\cdots$$

を扱う場合は, それぞれの収束半径を $\rho(S)$, $\rho(T)$ と表して区別する.

定理 9.2 (ダランベールの公式)　べき級数

$$S[z] = a_0 + a_1 z + \cdots + a_n z^n + \cdots\cdots$$

について, もし, $\lim_{n\to\infty} |a_n/a_{n+1}|$ が存在すれば,

$$\rho = \lim_{n\to\infty} \left|\frac{a_n}{a_{n+1}}\right| \qquad (9.8)$$

が $S[z]$ の収束半径である. $\lim_{n\to\infty} |a_n/a_{n+1}| = \infty$ のときは, $\rho = \infty$ とする.

証明　$\rho = \lim_{n\to\infty} |a_n/a_{n+1}|$ とおく. まず $\rho > 0$ とする. 任意に $r < s < \rho$ をとる.

$$s < \lim_{n\to\infty} \left|\frac{a_n}{a_{n+1}}\right|$$

であるから, 十分に大きい L を選ぶと, $n \geq L$ について,

$$s < \left|\frac{a_n}{a_{n+1}}\right|$$

---

[2] 詳しい証明を希望する読者は研究課題 3 (132 ページ) を参照されたい.

が常に成り立つ．このことから，
$$|a_n| \le \frac{|a_{n-1}|}{s} \le \frac{|a_L|}{s^{n-L}} = \frac{|a_L|\,s^L}{s^n}$$
となる．したがって，
$$\begin{aligned}
\sum_{n=0}^{\infty} |a_n|\, r^n &\le \sum_{n=0}^{L-1} |a_n|\, r^n + \sum_{n=L}^{\infty} \frac{|a_L|\,s^L}{s^n} r^n \\
&= \sum_{n=0}^{L-1} |a_n|\, r^n + \sum_{n=L}^{\infty} (|a_L|\,s^L) \left(\frac{r}{s}\right)^n \\
&\le \sum_{n=0}^{L-1} |a_n|\, r^n + (|a_L|\,s^L) \sum_{n=0}^{\infty} \left(\frac{r}{s}\right)^n \\
&= \sum_{n=0}^{L-1} |a_n|\, r^n + (|a_L|\,s^L) \frac{1}{1-r/s} < \infty
\end{aligned}$$
であるから，定理 8.1 (104 ページ) より $S[r]$ は絶対収束する．次に $\rho > 0$ のとき任意に $r > s > \rho$ をとる．十分大きい L を選ぶと，$n \ge L$ について，
$$\left|\frac{a_n}{a_{n+1}}\right| < s$$
が常に成り立つ．したがって，
$$|a_n| > \frac{|a_{n-1}|}{s} > \frac{|a_L|}{s^{n-L}} = \frac{|a_L|\,s^L}{s^n}$$
となる．特に，
$$\lim_{n\to\infty} |a_n|\, r^n > \lim_{n\to\infty} |a_L|\,s^L \left(\frac{r}{s}\right)^n = \infty$$
であるから，例題 8.2 (103 ページ) より，$S[r]$ は収束しない．(証明終わり)

例題 9.3 $S[z] = \sum_{n=0}^{\infty} n!\, z^n$ について，$\rho = 0$ であることを示せ．

解答例
$$\rho = \lim_{n\to\infty} \left|\frac{n!}{(n+1)!}\right| = \lim_{n\to\infty} \frac{1}{n+1} = 0$$

である．（解答終わり）

例題 9.4 $S[z] = \sum_{n=0}^{\infty} (n+1)z^n$ について，$\rho = 1$ であることを示せ．

解答例
$$\rho = \lim_{n \to \infty} \frac{n+1}{n+2} = 1$$
である．（解答終わり）

定理 9.3 べき級数 $S[z] = \sum_{n=0}^{\infty} a_n z^n$ に対し，$S[z]$ と $D^1 S[z] = \sum_{n=0}^{\infty} (n+1)a_{n+1} z^n$ の収束半径は等しい．

証明 $T[z] = D^1 S[z]$ とおき，それぞれの収束半径を $\rho(S), \rho(T)$ で表す．優級数による判定定理（106 ページ）を使う．$n \geq 1$ ならば，
$$|a_n z^n| \leq |n \, a_n z^{n-1}||z|$$
だから，後者が絶対収束すれば，優級数の判定法により，前者も絶対収束する．したがって，$\rho(T) \leq \rho(S)$ となる．だから，$\rho(S) = 0$ ならば，$\rho(S) = \rho(T)$ である．次に，$\rho(S) > 0$ としよう．$|z| < \rho(S)$ となる任意の複素数 z をとる．このとき，$|z| < r < \rho(S)$ となる実数 r をとれば，$\sum_{n=0}^{\infty} a_n r^n$ は絶対収束するから，例題 8.2（103 ページ）により $\lim_{n \to \infty} |a_n r^n| = 0$ である．よって，ある $M > 0$ が存在して，すべての n について，$|a_n r^n| < M$ となる．したがって，この z について，
$$|n \, a_n z^{n-1}| = \frac{|a_n r^n|}{r} n \left|\frac{z}{r}\right|^{n-1} \leq \frac{M}{r} n \left|\frac{z}{r}\right|^{n-1}$$
となる．$|z/r| < 1$ であるから，例題 9.4 により，
$$\sum_{n=0}^{\infty} n \left(\frac{z}{r}\right)^{n-1}$$
は絶対収束する．優級数の判定法より，$\sum_{n=1}^{\infty} n \, a_n z^{n-1}$ も絶対収束する．したがって，$\rho(S) \leq \rho(T)$ となる． （証明終わり）

9.3 いろいろなべき級数の収束半径

以下では，ダランベールの公式を使って初等関数の $x=0$ におけるテイラーべき級数の収束半径を求める．

【例 9.1】（二項関数）　関数 $(1+x)^a$ の $x=0$ におけるテイラー展開は例 7.2 (88 ページ) により，

$$(1+x)^a \simeq 1 + ax + \cdots + \binom{a}{n}x^n + \cdots\cdots$$

である．テイラーべき級数 $S[z] = \sum_{n=0}^{\infty} \binom{a}{n} z^n$ の収束半径 ρ について，

$$\rho = \lim_{n\to\infty} \left|\frac{\binom{a}{n}}{\binom{a}{n+1}}\right| = \lim_{n\to\infty} \left|\frac{n+1}{a-n}\right| = 1$$

である．

注意 9.3　$\rho = 1$ より，$|x| < 1$ のとき，

$$S(x) = \lim_{n\to\infty}\left(\sum_{m=0}^{n} \binom{a}{m} x^m\right)$$

と定義できるが，

$$(1+x)^a = S(x)$$

が成り立つことを例 7.2（88 ページ）で示した．

【例 9.2】（指数関数）　例 7.3 (90 ページ) より，関数 e^x の $x=0$ におけるテイラー展開は

$$e^x \simeq 1 + x + \cdots + \frac{x^n}{n!} + \cdots\cdots$$

である．テイラーべき級数 $S[z] = \sum_{n=0}^{\infty} z^n/n!$ の収束半径 ρ について，

$$\rho = \lim_{n\to\infty} \left|\frac{1/n!}{1/(n+1)!}\right| = \lim_{n\to\infty}(n+1) = \infty$$

である．いま，任意の複素数 z について，

$$\exp z = S(z)$$

と定義するとき，

$$\exp(z+w) = (\exp z)(\exp w) \tag{9.9}$$

となることを示す．$a_n = z^n/n!$, $b_n = w^n/n!$ とおく．例題 8.3 (110 ページ) より，

$$\sum_{m,n=0}^{\infty} a_m b_n = (\sum_{m=0}^{\infty} a_m)(\sum_{n=0}^{\infty} b_n)$$

となる．右辺は $(\exp z)(\exp w)$ であり，左辺は定義により，

$$\sum_{n=0}^{\infty}\sum_{k=0}^{n} a_k b_{n-k} = \sum_{n=0}^{\infty}\sum_{k=0}^{n} \left(\frac{z^k}{k!}\right)\left(\frac{w^{n-k}}{(n-k)!}\right)$$
$$= \sum_{n=0}^{\infty}\sum_{k=0}^{n} \binom{n}{k} \frac{z^k w^{n-k}}{n!} = \sum_{n=0}^{\infty} \frac{(z+w)^n}{n!}$$
$$= \exp(z+w)$$

となる．

注意 9.4 $\rho = \infty$ より，任意の実数 x について，$S(x)$ を

$$S(x) = \lim_{n\to\infty}\left(\sum_{k=0}^{n} \frac{x^k}{k!}\right)$$

で定義できるが，$e^x = S(x)$ の成り立つことを例 7.3 (90 ページ) で示した．すなわち，$e^x = \exp x$ である．

例題 9.5 補題 7.1 (90 ページ) を示せ．

解答例 べき級数 $\sum_{n=0}^{\infty}(1/n!)z^n$, $\sum_{n=0}^{\infty}\binom{a}{n}z^n$ の収束半径は，例 9.2，例 9.1 によりそれぞれ ∞, 1 であるから，定理 9.3 と例題 8.2 (103 ページ) によりわかる．(解答終わり)

補題 9.2 べき級数

$$S[z] = a_0 + a_1 z + \cdots + a_n z^n + \cdots\cdots$$

について，$b_{2n-1} = 0$, $b_{2n} = a_n$ $c_{2n+1} = a_n$, $c_{2n} = 0$ とおき，

$$T[z] = b_0 + b_1 z + b_2 z^2 + \cdots + b_n z^n + \cdots\cdots$$
$$U[z] = c_0 + c_1 z + c_2 z^2 + \cdots + c_n z^n + \cdots\cdots$$

とおくとき，それぞれの収束半径 $\rho(S)$, $\rho(T)$, $\rho(U)$ について，

$$\rho(T) = \rho(U) = \sqrt{\rho(S)} \tag{9.10}$$

である．任意の $|z| < \sqrt{\rho(S)}$ なる複素数 z について，

$$T(z) = S(z^2), \quad U(z) = z\,S(z^2) \tag{9.11}$$

である．

証明 まず，任意の正の実数 r について，

$$\sum_{k=0}^{n} |a_k|\, r^{2k} = \sum_{k=0}^{n} |b_{2k}|\, r^{2k} = \sum_{k=0}^{2n} |b_k|\, r^k$$

であるから，

$$\lim_{n\to\infty} \sum_{k=0}^{n} |a_k|\, r^{2k} < \infty \iff \lim_{n\to\infty} \sum_{k=0}^{2n} |b_k|\, r^k < \infty$$

である．したがって，$\rho(T) = \sqrt{\rho(S)}$ である．次に，任意の複素数 z について，

$$\sum_{k=0}^{n} a_k\, z^{2k} = \sum_{k=0}^{n} b_{2k}\, z^{2k} = \sum_{k=0}^{2n} b_k\, z^k$$

であるから，$|z| < \rho(T)$ である限り，

$$S(z^2) = \lim_{n\to\infty} \sum_{k=0}^{n} a_k\, z^{2k} = \lim_{n\to\infty} \sum_{k=0}^{2n} b_k\, z^k = T(z)$$

である．任意の正の実数 r について，

$$r\left(\sum_{k=0}^{n} |a_k|\, r^{2k}\right) = \sum_{k=0}^{n} |a_k|\, r^{2k+1} = \sum_{k=0}^{n} |c_{2k+1}|\, r^{2k+1} = \sum_{k=0}^{2n+1} |c_k|\, r^k$$

であるから，

$$\lim_{n\to\infty} \sum_{k=0}^{n} |a_k|\, r^{2k} < \infty \iff \lim_{n\to\infty} \sum_{k=0}^{2n+1} |c_k|\, r^k < \infty$$

である．したがって，$\rho(U) = \sqrt{\rho(S)}$ である．任意の複素数 z について，

$$z\left(\sum_{k=0}^{n} a_k\, z^{2k}\right) = \sum_{k=0}^{n} a_k\, z^{2k+1} = \sum_{k=0}^{n} c_{2k+1}\, z^{2k+1} = \sum_{k=0}^{2n+1} c_k\, z^k$$

であるから，$|z| < \rho(U)$ である限り，

$$z\, S(z^2) = \lim_{n\to\infty} z\left(\sum_{k=0}^{n} a_k\, z^{2k}\right) = \lim_{n\to\infty} \sum_{k=0}^{2n+1} c_k\, z^k = U(z)$$

となる． (証明終わり)

【例 9.3】(三角関数)　関数 $\sin x$, $\cos x$ の $x = 0$ におけるテイラー展開は例 7.4 より，それぞれ，

$$\sin x \simeq \sum_{n=0}^{\infty} \frac{(-1)^n}{(2n+1)!}\, x^{2n+1}, \quad \cos x \simeq \sum_{n=0}^{\infty} \frac{(-1)^n}{(2n)!}\, x^{2n}$$

である．2つのテイラーべき級数

$$S[z] = \sum_{n=0}^{\infty} \frac{(-1)^n}{(2n+1)!}\, z^{2n+1}, \quad T[z] = \sum_{n=0}^{\infty} \frac{(-1)^n}{(2n)!}\, z^{2n}$$

の収束半径 $\rho(S)$, $\rho(T)$ はともに ∞ である．なぜなら，2つの複素数のべき級数

$$S^*[z] = \sum_{n=0}^{\infty} \frac{(-1)^n}{(2n+1)!} z^n, \quad T^*[z] = \sum_{n=0}^{\infty} \frac{(-1)^n}{(2n)!} z^n$$

について両方とも収束半径は ∞ であることがダランベールの公式よりわかるからである．補題 9.2 により，$\rho(S) = \infty$, $\rho(T) = \infty$ となる．

注意 9.5 収束半径が共に ∞ であることより，任意の実数 x について

$$S(x) = \lim_{n \to \infty} \sum_{k=0}^{n} \frac{(-1)^k}{(2k+1)!} x^{2k+1}, \quad T(x) = \lim_{n \to \infty} \sum_{k=0}^{n} \frac{(-1)^k}{(2k)!} x^{2k}$$

と定義できるが，

$$\sin x = S(x), \quad \cos x = T(x)$$

が成り立つことを，例 7.4 (91 ページ) で示した．

【例 9.4】(逆三角関数)　$\mathrm{Arcsin}\, x$, $\mathrm{Arctan}\, x$ の $x = 0$ におけるテイラー展開は，例 7.7 (95 ページ)，例 7.8 (96 ページ) より，

$$\mathrm{Arcsin}\, x \simeq \sum_{n=0}^{\infty} \binom{-1/2}{n} \frac{(-1)^n}{2n+1} x^{2n+1}$$

$$\mathrm{Arctan}\, x \simeq \sum_{n=0}^{\infty} \frac{(-1)^n}{2n+1} x^{2n+1}$$

である．テイラーべき級数

$$S[z] = \sum_{n=0}^{\infty} \binom{-1/2}{n} \frac{(-1)^n}{2n+1} z^{2n+1}, \quad T[z] = \sum_{n=0}^{\infty} \frac{(-1)^n}{2n+1} z^{2n+1}$$

の収束半径は共に 1 であることを示す．次のべき級数

$$S^*[z] = \sum_{n=0}^{\infty} \binom{-1/2}{n} (-1)^n z^n, \quad T^*[z] = \sum_{n=0}^{\infty} (-1)^n z^n$$

は，例 7.2 (88 ページ) により，それぞれ二項関数 $(1-x)^{1/2}$, $(1+x)^{-1}$ の $x=0$ におけるテイラー級数であるから，例 9.1 より，収束半径は共に 1 である．定理 9.3 と補題 9.2 より，$\rho(S) = \rho(T) = 1$ となる．

注意 9.6 収束半径が共に 1 より，$|x| < 1$ となる任意の実数 x について，

$$S(x) = \lim_{n \to \infty} \sum_{k=0}^{n} \binom{-1/2}{k} \frac{(-1)^k}{2k+1} x^{2k+1}, \quad T(x) = \lim_{n \to \infty} \sum_{k=0}^{n} \frac{(-1)^k}{2k+1} x^{2k+1}$$

と定義できるが，

$$\operatorname{Arcsin} x = S(x), \quad \operatorname{Arctan} x = T(x)$$

の成り立つことを系 7.1 (98 ページ) で示した．

【例 9.5】 (逆双曲線関数)　$\operatorname{Arcsinh} x$, $\operatorname{Arctanh} x$ の $x=0$ におけるテイラー展開は，例 7.9 (96 ページ)，例 7.10 (97 ページ) より，

$$\operatorname{Arcsinh} x \simeq \sum_{n=0}^{\infty} \binom{-1/2}{n} \frac{1}{2n+1} x^{2n+1}, \quad \operatorname{Arctanh} x \simeq \sum_{n=0}^{\infty} \frac{1}{2n+1} x^{2n+1}$$

である．テイラーべき級数

$$S[z] = \sum_{n=0}^{\infty} \binom{-1/2}{n} \frac{1}{2n+1} x^{2n+1}, \quad T[z] = \sum_{n=0}^{\infty} \frac{1}{2n+1} x^{2n+1}$$

の収束半径は，共に 1 である．実際，次のべき級数

$$S^*[z] = \sum_{n=0}^{\infty} \binom{-1/2}{n} z^n, \quad T^*[z] = \sum_{n=0}^{\infty} z^n$$

を考えれば，例 9.4 と同様にわかる．

注意 9.7 収束半径が共に 1 であることより，$|x| < 1$ となる任意の実数 x について，

$$S(x) = \lim_{n \to \infty} \sum_{k=0}^{n} \binom{-1/2}{k} \frac{1}{2n+1} x^{2n+1}, \quad T(x) = \lim_{n \to \infty} \sum_{k=0}^{n} \frac{1}{2n+1} x^{2n+1}$$

と定義できるが，

$$\text{Arcsinh}\, x = S(x), \quad \text{Arctanh}\, x = T(x)$$

が成り立つことを，系 7.1 (98 ページ) で示した．

9.4　収束べき級数の和・積

2 つの複素数のべき級数

$$S[z] = a_0 + a_1 z + \cdots + a_n z^n + \cdots\cdots$$
$$T[z] = b_0 + b_1 z + \cdots + b_n z^n + \cdots\cdots$$

と複素数 λ から，新たに 3 つのべき級数

$$U[z] = \sum_{n=0}^{\infty} c_n z^n, \quad V[z] = \sum_{n=0}^{\infty} d_n z^n, \quad W[z] = \sum_{n=0}^{\infty} e_n z^n$$

を

$$c_n = a_n + b_n, \quad d_n = \lambda a_n, \quad e_n = \sum_{j=0}^{n} a_j b_{n-j}$$

で定義する．べき級数 $U[z]$ を $S[z]$ と $T[z]$ の和といい，$U[z]$ の代わりに $S[z] + T[z]$ で表す．べき級数 $V[z]$ を λ と $S[z]$ のスカラー積といい，$V[z]$ の代わりに $\lambda S[z]$ で表す．べき級数 $W[z]$ を $S[z]$ と $T[z]$ の積といい，$W[z]$ の代わりに $S[z] \cdot T[z]$ で表す．

命題 9.1 べき級数 $S[z] = \sum_{n=0}^{\infty} a_n z^n$, $T[z] = \sum_{n=0}^{\infty} b_n z^n$ の収束半径は，いずれも ρ より大きいとする．このとき，和 $U[z] = S[z] + T[z]$ と積 $W[z] = S[z] \cdot T[z]$ の収束半径もそれぞれ ρ より大きく，$|z| < \rho$ を満たす任意の複素数 z について，

$$U(z) = S(z) + T(z), \qquad W(z) = S(z)\,T(z) \tag{9.12}$$

が成り立つ．

証明 $U[z] = \sum_{n=0}^{\infty} c_n z^n$, $W[z] = \sum_{n=0}^{\infty} e_n z^n$ とおく．このとき，定義より，

$$c_n = a_n + b_n, \qquad e_n = \sum_{k=0}^{n} a_k\, b_{n-k}$$

である．したがって，$|z| = r < \rho$ とすれば，

$$\sum_{k=0}^{n} |c_k|\,|z|^k \le \sum_{k=0}^{n} (|a_k| + |b_k|)\, r^k \le \sum_{k=0}^{\infty} |a_k|\, r^k + \sum_{k=0}^{\infty} |b_k|\, r^k < \infty$$

であるから，$\sum_{k=0}^{\infty} |c_k||z|^k$ は収束する．定理 8.1 (104 ページ) より，級数 $\sum_{k=0}^{\infty} c_k z^k$ は，$|z| < \rho$ である限り絶対収束する．よって，級数 $U[z]$ の収束半径は ρ より大きい．さらに，命題 3.1(31 ページ) の (1) より，$|z| < \rho$ のとき，

$$U(z) = \lim_{n \to \infty} \sum_{k=0}^{n} c_k z^k = \lim_{n \to \infty} \sum_{k=0}^{n} (a_k + b_k) z^k$$

$$= \lim_{n \to \infty} \sum_{k=0}^{n} a_k z^k + \lim_{n \to \infty} \sum_{k=0}^{n} b_k z^k = S(z) + T(z)$$

となる．次に，$r < \rho$ のとき，

$$\sum_{k=0}^{n} |e_k| r^k \le \sum_{k=0}^{n} \sum_{l=0}^{k} |a_l||b_{k-l}|\, r^k \le \Big(\sum_{k=0}^{n} |a_k|\, r^k\Big)\Big(\sum_{l=0}^{n} |b_l|\, r^l\Big)$$

$$\le \Big(\sum_{k=0}^{\infty} |a_k|\, r^k\Big)\Big(\sum_{l=0}^{\infty} |b_l|\, r^l\Big) < \infty$$

であるから,

$$\sum_{k=0}^{\infty} |e_k| r^k$$

は収束する.定理 8.1 より,$|z| < \rho$ である限り級数 $\sum_{k=0}^{\infty} e_k z^k$ は絶対収束する.すなわち,$W[z]$ の収束半径は ρ より大きい.さて,$m \geq 2n$ のとき,

$$\left| \left(\sum_{j=0}^{m} e_j z^j\right) - \left(\sum_{k=0}^{n} a_k z^k\right)\left(\sum_{l=0}^{n} b_l z^l\right) \right|$$
$$\leq \left(\sum_{k=0}^{\infty} |a_k| r^k\right)\left(\sum_{l=n+1}^{m} |b_l| r^l\right) + \left(\sum_{k=n+1}^{m} |a_k| r^k\right)\left(\sum_{l=0}^{\infty} |b_l| r^l\right)$$

となる(図 9.1 参照).上式の右辺の各項は,$n \to \infty$ について共に 0 に収束する.以上で,$W(z) = S(z)T(z)$ となることが示せた. (証明終わり)

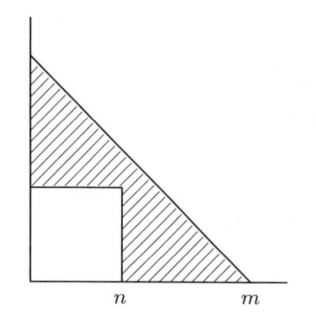

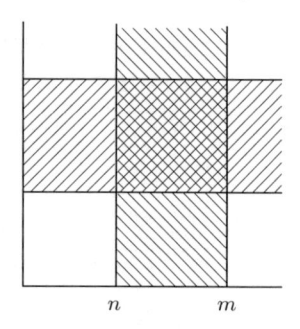

図 **9.1**

演習問題

[A]

問題 9.1 べき級数 $S[z] = \sum_{n=0}^{\infty} n^2 z^n$ の収束半径 ρ を求めよ．さらに，開区間 $(-\rho, \rho)$ で関数 $S(x)$ を具体的に求めよ．

問題 9.2 $a, b, c \in \mathbf{C}$ で c が負の整数または 0 でないとき，複素数のべき級数

$$S(a,b,c)[z] = \sum_{n=0}^{\infty} \frac{a(a+1)\cdots(a+n-1)\,b(b+1)\cdots(b+n-1)}{n!\,c(c+1)\cdots(c+n-1)} z^n$$

の収束半径を求めよ．

問題 9.3 $S[z] = \sum_{n=0}^{\infty} a_n z^n$ について，実数 r が $r \neq \rho$ を満たすとき，$S[r]$ の (絶対) 収束性について，問題 8.1 の結果をもとに考察せよ．

[B]

研究課題 5 の「フーリエ級数に関する定理」を用いて次の問いに答えよ．

問題 9.4 (1) $[-\pi, \pi]$ 上で $f(x) = x$ のフーリエ級数を求めよ．

(2) $\sum_{n=0}^{\infty} \frac{(-1)^n}{2n+1} = \frac{\pi}{4}$ を示せ．

(3) $\sum_{n=1}^{\infty} \frac{1}{n^2} = \frac{\pi^2}{6}$ を示せ．

問題 9.5 (1) $[-\pi, \pi]$ で $f(x) = x^2$ のフーリエ級数を求めよ．

(2) $\sum_{n=0}^{\infty} \frac{(-1)^{n-1}}{n^2} = \frac{\pi^2}{12}$ を示せ．

(3) $\sum_{n=1}^{\infty} \frac{1}{n^4} = \frac{\pi^4}{90}$ を示せ．

研究課題 3　収束半径の存在

補題 9.1 の ρ が決まることの証明をする．$I = (0, \infty)$ ならば，$\rho = \infty$ である．そこで，$I \neq (0, \infty)$ とする．すなわち，正の実数 M を適当に選べば，$M \notin I$ となる．定理 9.1 より，I は区間 $[0, M)$ に含まれる．自然数 k に関する数学的帰納法で，a_k, b_k を次のように定める．$a_1 = 0, b_1 = M$ とおく．k まで決めたとする．もし $(a_k + b_k)/2$ が I に含まれるときは，$a_{k+1} = (a_k + b_k)/2, b_{k+1} = b_k$ とおく．$(a_k + b_k)/2$ が I に含まれないときは，$a_{k+1} = a_k, b_{k+1} = (a_k + b_k)/2$ とおく．このとき，任意の自然数 n について，次が成り立つ．

(1) $a_n < b_n$
(2) a_n は I に含まれ，b_n は I に含まれない
(3) $|a_n - b_n| = M/2^{n-1}$

(1) と基本事実 3.1 (32 ページ) より，$\lim_{n \to \infty} a_n = A, \lim_{n \to \infty} b_n = B$ となり，かつ $a_n \leq A \leq B \leq b_n$ である．(3) より

$$|A - B| \leq |a_n - b_n| = \frac{M}{2^{n-1}}$$

であるから，命題 3.1 (31 ページ) の (6) より，$A = B$ となる．$\rho = A$ となることを示そう．複素数 w が $|w| < A$ を満たしたとする．$\lim_{n \to \infty} a_n = A$ だから，定義 3.4 (35 ページ) において，$\varepsilon = A - |w|$ に対し，適当に自然数 l を選べば，$|w| < a_l$ となる．$|w| \in I$ であるから，$S[w]$ は絶対収束する．次に $|w| > A$ としよう．$\lim_{n \to \infty} b_n = A$ より適当に自然数 k を選べば，$b_k < |w|$ となる．よって，$b_k \in I$ であるから，これは (2) に矛盾する．以上から A が条件を満たすことがいえた．実数 d が同じく条件を満たしたとする．例えば $A < d$ とする．$r = (A+d)/2$ とおくと，$A < r$ より $r \notin I$ であるが，$r < d$ より $r \in I$ となり，矛盾である．

研究課題 4　収束べき級数の合成

$a_0 \neq 0$ であるようなべき級数 $\sum_{n=0}^{\infty} a_n z^n$ に対して，

$$(\sum_{n=0}^{\infty} a_n z^n)(\sum_{n=0}^{\infty} b_n z^n) = 1 + 0z + 0z^2 + \cdots + 0z^n + \cdots\cdots$$

となるべき級数 $\sum_{n=0}^{\infty} b_n z^n$ が，ただ 1 通りに求まることを示す．実際，積の定義によって，

$$a_0 b_0 = 1, \ a_0 b_1 + a_1 b_0 = 0, \cdots, \ a_0 b_n + \cdots + a_n b_0 = 0, \cdots$$

であるから，$b_0 = 1/a_0$ から出発して順番に $b_1, b_2, \cdots, b_n, \cdots$ が一意的に定まる．このべき級数 $\sum_{n=0}^{\infty} b_n z^n$ を

$$(\sum_{n=0}^{\infty} a_n z^n)^{-1}$$

と表すことがある．

2つのべき級数の合成を定義するために，技術的な準備をしておこう．$\sum_{n=0}^{\infty} 0 z^n$ と異なるべき級数 $S[z] = \sum_{n=0}^{\infty} a_n z^n$ について，$a_n \neq 0$ となる n の中で最小の番号を $\omega(S[z])$ と表し，$S[z]$ の**位数**ということにする．便宜上，$\omega(\sum_{n=0}^{\infty} 0 z^n) = \infty$ とおく．したがって，ある整数 k について $\omega(\sum_{n=0}^{\infty} a_n z^n) \geq k$ は，すべての $n < k$ について，$a_n = 0$ となることを意味する．

べき級数の族 $S_i[z] = \sum_{n=0}^{\infty} a_{i,n} z^n \ (i = 0, 1, 2, \cdots)$ が**加算可能**であるとは，すべての自然数 n について，集合

$$\{\, i \mid \omega(S_i[z]) < n \,\}$$

の個数が有限個であることと定義する．このとき，

$$b_n = \sum_{i=0}^{\infty} a_{i,n}$$

が定義できる．なぜなら，上式の右辺の和の項は，有限個を除いて 0 であるからである．これによって，

$$\sum_{i=0}^{\infty} S_i[z] = \sum_{n=0}^{\infty} b_n z^n$$

と定義する.

2つの複素数のべき級数 $S[z] = \sum_{n=0}^{\infty} a_n z^n$, $T[z] = \sum_{n=0}^{\infty} b_n z^n$ が $b_0 = 0$ を満たすとする. $T^0[z] = 1 + 0\,z + 0\,z^2 + \cdots$ とおく. $T^n[z] = T[z] \cdots T[z]$ (n 回の積) はすでに定義してある. $b_0 = 0$ より $\omega(T^n[z]) \geq n$ であるから, 族 $\{T^n[z]\}_{n=0,1,\cdots}$ は加算可能である. 族 $\{a_n T^n[z]\}_{n=0,1,\cdots}$ も加算可能であるから,

$$\sum_{n=0}^{\infty} a_n T^n[z]$$

が定義できる. これを $(S \circ T)[z]$ と表し, $S[z]$ と $T[z]$ の**合成**とよぶ.

命題 9.2 べき級数 $S[z] = \sum_{n=0}^{\infty} a_n z^n$, $T[z] = 0 + \sum_{n=1}^{\infty} b_n z^n$ を考える. 収束半径 $\rho(S), \rho(T)$ はいずれも正数とする. このとき, $\rho(S \circ T) > 0$ となる. 詳しく述べると, $r > 0$ を適当にとれば, 次が成り立つ.

(1) $\sum_{n=1}^{\infty} |b_n| r^n < \rho(S)$ となる.
(2) $\rho(S \circ T) > r$ である.
(3) $|z| < r$ であれば, $|T(z)| < \rho(S)$ であり, かつ $S(T(z)) = (S \circ T)(z)$ が成り立つ.

証明 $T = 0$ のときは明らかだから, $T \neq 0$ の場合を考える. 任意に $0 < s < \rho(T)$ をとると, $\sum_{n=1}^{\infty} |b_n| s^n < \infty$ であるから, $\sum_{n=1}^{\infty} |b_n| s^{n-1} < \infty$ である. したがって, $0 \leq r \leq t = \min\{s,\, \rho(S)/(\sum_{n=1}^{\infty} |b_n| s^{n-1})\}$ ととれば,

$$\sum_{n=1}^{\infty} |b_n| r^n = r \sum_{n=1}^{\infty} |b_n| r^{n-1} \leq r(\sum_{n=1}^{\infty} |b_n| s^{n-1}) \leq \rho(S)$$

となる ((1) の証明終わり).

したがって,

$$\sum_{p=0}^{\infty} |a_p| (\sum_{n=1}^{\infty} |b_n| r^n)^p < \infty$$

である. ここで,

$$T^*[z] = \sum_{n=0}^{\infty} |b_{n+1}| z^n, \quad (T^*)^k[z] = \sum_{n=0}^{\infty} B_{k,n} z^n$$

とおく. $\rho(T^*) > r$ だから，命題 9.1 より，$\rho((T^*)^k) > r$ である．

$$\infty > \sum_{p=0}^{\infty} |a_p| (\sum_{n=1}^{\infty} |b_n| r^n)^p = \sum_{p=0}^{\infty} |a_p| r^p (\sum_{n=0}^{\infty} |b_{n+1}| r^n)^p$$

$$= \sum_{p=0}^{\infty} |a_p| r^p (\sum_{n=0}^{\infty} B_{p,n} r^n)$$

である．したがって，$A_{m,n} = |a_m| B_{m,n} r^{m+n}$ について定理 8.3 (107 ページ) より，

$$\sum_{n=0}^{\infty} (\sum_{k=0}^{n} |a_k| B_{k,n-k}) r^n < \infty$$

を得る．ここで，

$$S \circ T[z] = \sum_{n=0}^{\infty} c_n z^n$$

とおくと，定義より，

$$|c_n| \leq \sum_{k=0}^{n} |a_k| B_{k,n-k}$$

であるから，$\rho(S \circ T) \geq r$ となる（(2) の証明終わり）．

次に，$U[z] = (S \circ T)[z]$，$S_n[z] = \sum_{k=0}^{n} a_k z^k + 0 z^{n+1} + \cdots$，$U_n = S_n \circ T$ とおく．$|z| \leq r$ について $S_n[z]$ は多項式であるから，

$$U_n[z] = S_n(T[z])$$

が成り立つ．$|T(z)| < \rho(S)$ であるから，

$$\lim_{n \to \infty} S_n(T(z)) = S(T(z))$$

である．$|z| < r$ である限り，

$$|U(z) - U_n(z)| = |((S - S_n) \circ T)(z)| \leq \sum_{p=n+1}^{\infty} |a_p| (\sum_{k=1}^{\infty} |b_k| r^k)^p$$

である．上式の右辺は，$n \to \infty$ とするとき 0 に収束する．すなわち，$\lim_{n \to \infty} |U(z) - U_n(z)| = 0$ である．以上より，

$$U(z) = \lim_{n \to \infty} U_n(z) = \lim_{n \to \infty} S_n(T(z)) = S(T(z))$$

となる（(3) の証明終わり）． (証明終わり)

命題 9.3 べき級数 $S[z] = \sum_{n=0}^{\infty} a_n z^n$ が $a_0 \neq 0$ を満たすとする．さらに，$T[z] = \sum_{n=0}^{\infty} b_n z^n$ は $S[z] \cdot T[z] = 1$ を満たすとする．もし，$\rho(S) > 0$ ならば，$\rho(T) > 0$ となる．$|z| < \min\{\rho(S),\ \rho(T)\}$ であるとき，$S(z)T(z) = 1$ となる．

証明 $a_0 = 1$ の場合に証明できれば，$a_0 \neq 1$ の場合には，新たに $S[z] = \sum_{n=0}^{\infty}(a_n/a_0)z^n$, $T[z] = \sum_{n=0}^{\infty}(a_0\,b_n)z^n$ を考えればよいので，はじめから $a_0 = 1$ とする．$U[z] = 1 - S[z], V[z] = 1 + \sum_{n=1}^{\infty} z^n$ とおく．$U(0) = 0$ に注意する．このとき，

$$T[z]^{-1} = S[z] = 1 + \sum_{n=1}^{\infty} a_n z^n = 1 - U[z]$$

より，

$$T[z] = (1 - U[z])^{-1} = (V \circ U)[z]$$

である．$\rho(V) = 1$ であるから，命題 9.2 より $\rho(T) > 0$ となり，さらに，$|z| < \min\{\rho(S),\ \rho(T)\}$ のとき $S(z)T(z) = 1$ となる． (証明終わり)

研究課題5 フーリエ級数

第6章では，関数を多項式で近似して，いろいろな情報が得られることをみた．さらに，初等関数をべき級数で表すことを学んだ．そこで重要なのは，関数系 $\{1, x, x^2, \cdots, x^n, \cdots\}$ が1次独立であることである．1次独立な他の関数系として $\{1, \cos nx, \sin nx \ (n=1,2,3,\cdots)\}$ を考え，これによって関数を表すのがフーリエ級数である．

区間 $[-\pi, \pi]$ 上の関数 f に対し，

$$a_n = \frac{1}{\pi}\int_{-\pi}^{\pi} f(x)\cos nx\,dx \quad (n=0,1,2,\cdots)$$

$$b_n = \frac{1}{\pi}\int_{-\pi}^{\pi} f(x)\sin nx\,dx \quad (n=1,2,3,\cdots)$$

を f の**フーリエ級数**といい，

$$S[f](x) = \frac{a_0}{2} + \sum_{n=1}^{\infty}(a_n\cos nx + b_n\sin nx)$$

を f の**フーリエ展開**という．

$$c_n = \frac{1}{2\pi}\int_{-\pi}^{\pi} f(x)\,e^{-inx}dx \quad (n=0,\pm1,\pm2,\cdots)$$

を f の**複素フーリエ係数**という．

$$c_n = \frac{1}{2}(a_n - i\,b_n), \quad c_{-n} = \frac{1}{2}(a_n + i\,b_n)$$

だから，

$$S[f](x) = \sum_{n=-\infty}^{\infty} c_n\,e^{inx}$$

とも表せる．ただし，右辺は $\lim_{N\to\infty}\sum_{n=-N}^{N} c_n\,e^{inx}$ を意味する．f が実数値のときは，$c_n = \bar{c}_n$ であり，

$$c_n\,e^{inx} + c_{-n}\,e^{-inx} = a_n\cos nx + b_n\sin nx$$

である．

区間 $[-\pi, \pi]$ 上の関数 f が区分的に C^1 級であるとは，$[-\pi, \pi]$ から有限個の点 $-\pi = x_0 < x_1 < \cdots < x_m = \pi$ を除いた各区間 (x_j, x_{j+1}) で f が C^1 級 (微分可能で，f' も連続) で，有限の極限

$$\lim_{x \searrow x_j} f(x), \quad \lim_{x \nearrow x_{j+1}} f(x), \quad \lim_{x \searrow x_j} f'(x), \quad \lim_{x \nearrow x_{j+1}} f'(x)$$

をもつことである．次の 2 つの定理が成り立つ．

定理 9.4 区間 $[-\pi, \pi]$ 上で区分的に C^1 級の関数 f のフーリエ級数 $S[f](x)$ は，

$$S[f](x) = \frac{1}{2}(\lim_{x \searrow a} f(x) + \lim_{x \nearrow a} f(x)) \quad (-\pi < a < \pi)$$

$$S[f](\pm\pi) = \frac{1}{2}(f(-\pi) + f(\pi))$$

を満たす．さらに次が成り立つ (パーセヴァルの等式という).

$$\frac{1}{\pi}\int_{-\pi}^{\pi}|f(x)|^2 dx = \frac{1}{2}|a_0|^2 + \sum_{n=1}^{\infty}(|a_n|^2 + |b_n|^2) = 2\sum_{n=-\infty}^{\infty}|c_n|^2$$

これより，f が連続なら，

$$f(x) = \frac{a_0}{2} + \sum_{n=1}^{\infty}(a_n \cos nx + b_n \sin nx) = \sum_{n=-\infty}^{\infty} c_n e^{inx}$$

である．これは，波数 n の振動 e^{inx} を n について重ね合わせることにより $f(x)$ が表せる，ということを意味する．c_n は波数 n の振動の大きさ (振幅) である．

定理 9.5 区間 $[-\pi, \pi]$ 上の連続関数 f が $f(-\pi) = f(\pi)$ で，区分的に C^1 級なら，

$$S[f'](x) = \sum_{n=-\infty}^{\infty} i n c_n e^{inx}$$

が成り立つ．

第10章　べき級数の微積分

10.1 基本評価

この節では，収束べき級数に関する最も基本的な性質について解説する．次の定理は，今後の話の展開の要になるものである．定理を述べるために記号を用意する．べき級数 $T[z] = \sum_{n=0}^{\infty} a_n z^n$ と自然数 n に対して，n 次多項式 $T_n(z)$ を，

$$T_n(z) = \sum_{k=0}^{n} a_k z^k \tag{10.1}$$

で定義し，べき級数 $T[z]$ の第 n 次部分和とよぶ．

定理 10.1 (基本評価)　複素数のべき級数 $S[z] = \sum_{n=0}^{\infty} a_n z^n$ の収束半径 ρ は正とする．べき級数 $S^*[z]$ を，

$$S^*[z] = \sum_{n=0}^{\infty} |a_n| z^n$$

で定義し[1]，さらに，

$$S_n(z) = \sum_{k=0}^{n} a_k z^k, \qquad S_n^*(z) = \sum_{k=0}^{n} |a_k| z^k$$

---

[1]　$\rho(S) = \rho(S^*)$ である．

を $S[z]$, $S^*[z]$ の第 n 次部分和とする．このとき，任意の自然数 m に対して，$|z| \leq s < \rho$ を満たす限り，

$$|S(z) - S_m(z)| \leq S^*(s) - S_m^*(s) \tag{10.2}$$

である．

証明 $m < n$ なる n をとる．$|z| \leq s < \rho$ であるから，

$$\begin{aligned}|S_n(z) - S_m(z)| &= |a_{m+1}z^{m+1} + \cdots + a_n z^n| \\ &\leq |a_{m+1}|s^{m+1} + \cdots + |a_n|s^n \\ &\leq S_n^*(s) - S_m^*(s)\end{aligned}$$

となる．よって，

$$\begin{aligned}|S(z) - S_m(z)| &= \lim_{n\to\infty}|S_n(z) - S_m(z)| \\ &\leq \lim_{n\to\infty}(S_n^*(s) - S_m^*(s)) = S^*(s) - S_m^*(s)\end{aligned}$$

であることがわかる． (証明終わり)

定理 10.2 べき級数 $S[z] = \sum_{n=0}^{\infty} a_n z^n$ の収束半径 ρ は正とする．さらに，複素数の数列 $z_1, z_2, \cdots, z_n, \cdots$ が複素数 w に収束するとする．もし，$|z_n| < \rho$ $(n = 1, , \cdots)$, $|w| < \rho$ であれば，

$$\lim_{n\to\infty} S(z_n) = S(w) \tag{10.3}$$

が成り立つ．

証明 $|w| < s < \rho$ なる正数 s を 1 つ選んでおく．$\lim_{n\to\infty} z_n = w$ であるから，十分大きなすべての自然数 n について $|z_n| < s$ となる．したがって，定理10.1より，任意の自然数 m に対して，

$|S(w) - S(z_n)|$
$=|(S(w) - S_m(w)) + (S_m(w) - S_m(z_n)) + (S_m(z_n) - S(z_n))|$
$\leq |S(w) - S_m(w)| + |S_m(w) - S_m(z_n)| + |S_m(z_n) - S(z_n)|$
$\leq |S^*(s) - S_m^*(s)| + |S_m(w) - S_m(z_n)| + |S_m^*(s) - S^*(s)|$

となる．$S_m(z)$ は多項式であるから，$\lim_{n\to\infty} S_m(z_n) = S_m(w)$ である．したがって，上記の不等式において n に関して極限をとれば，

$$\lim_{n\to\infty} |S(w) - S(z_n)|$$
$$\leq \lim_{n\to\infty} (2|S^*(s) - S_m^*(s)| + |S_m(w) - S_m(z_n)|)$$
$$= 2|S^*(s) - S_m^*(s)| + |S_m(w) - \lim_{n\to\infty} S_m(z_n)|$$
$$= 2|S^*(s) - S_m^*(s)|$$

が任意の m について成り立つ．一方，$s < \rho$ だから，

$$\lim_{m\to\infty} |S^*(s) - S_m^*(s)| = 0$$

であり，

$$\lim_{n\to\infty} |S(w) - S(z_n)| = 0$$

が成り立つ． (証明終わり)

10.2 べき級数による関数

開区間 $(-r, r)$ を定義域とする関数 $f(x)$ が，r 以上の収束半径をもつ実数のべき級数 $S[z]$ を適当に選べば $f(x) = S(x)$ ($|x| < r$) となるとき，$f(x)$ を**べき級数による関数**とよぶ．

【例 10.1】 開区間 $(-1, 1)$ を定義域とする関数 $f(x)$ を，二項関数，指数関数，三角関数，双曲線関数，逆三角関数，逆双曲線正弦関数，逆双曲線正接関数のいずれかとすると，$f(x)$ はべき級数による関数である．なぜなら，9.3 節 (122 ページ) で説明したように，$f(x)$ の $x = 0$ におけるテイラーべき級数

$$S[z] = \sum_{n=0}^{\infty} \frac{f^{(n)}(0)}{n!} z^n$$

の収束半径は，いずれの場合も 1 か ∞ であり，$|x| < 1$ であれば，$f(x) = S(x)$ となるからである．

補題 10.1 開区間 $(-r, r)$ を定義域とするべき級数による関数 $f(x)$ は連続関数である.

証明 収束半径が r 以上の実数のべき級数 $S[z]$ によって, $f(x) = S(x)$ となるとする. いま, $-r < c < r$ となる任意の c をとる. $(-r, r)$ 内の数列 $\{a_n\}$ が $\lim_{n \to \infty} a_n = c$ となれば, 定理 10.2 より,

$$\lim_{n \to \infty} f(a_n) = \lim_{n \to \infty} S(a_n) = S(c) = f(c)$$

であるから, $f(x)$ は $x = c$ で連続である. c は任意であったから, $f(x)$ は $(-r, r)$ で連続関数である. (証明終わり)

9.4 節 (128 ページ) で解説した事項より, 次を得る.

命題 10.1 開区間 $(-r, r)$ を定義域とするべき級数による関数 $f(x)$, $g(x)$ について, 和 $f(x) + g(x)$ と積 $f(x) g(x)$ のいずれも, べき級数による関数である.

証明 収束半径が r 以上である実数のべき級数 $S[z]$, $T[z]$ により, $f(x) = S(x)$, $g(x) = T(x)$ とする. $U[z] = S[z] + T[z]$, $W[z] = S[z] \cdot T[z]$ とおくとき, 命題 9.1 (129 ページ) により, それらの収束半径はいずれも r 以上であり, かつ,

$$f(x) + g(x) = S(x) + T(x) = U(x)$$
$$f(x) g(x) = S(x) T(x) = W(x)$$

となる. (証明終わり)

10.3 べき級数による関数のテイラー展開

定理 10.3 実数のべき級数 $S[z] = \sum_{n=0}^{\infty} a_n z^n$ の収束半径 ρ は正とする. このとき, $-\rho < x < \rho$ に対して,

$$\int_0^x S(x) \, dx = IS(x) \tag{10.4}$$

である．ただし，べき級数 $IS[z]$ は

$$IS[z] = 0 + \sum_{n=0}^{\infty} \frac{a_n}{n+1} z^{n+1}$$

で与える．定理 9.3（121 ページ）より，$S[z]$ と $IS[z]$ の収束半径は等しいことに注意．

証明 $T[z] = IS[z]$ とおく．定理 10.1 より，$|z| < s < \rho$ であれば，

$$|S(z) - S_n(z)| \leq S^*(s) - S_n^*(s)$$

であるから，$T_n(x) = \sum_{k=0}^{n}(a_k/(k+1))x^{k+1}$ とおくとき，

$$\begin{aligned}
\left|\int_0^x S(t)\,dt - T(x)\right| &= \left|\int_0^x S(t)\,dt - \lim_{n\to\infty} T_n(x)\right| \\
&= \left|\int_0^x S(t)\,dt - \lim_{n\to\infty} \int_0^x S_n(t)\,dt\right| \\
&\leq \lim_{n\to\infty} \left|\int_0^x |S(t) - S_n(t)|\,dt\right| \\
&\leq \lim_{n\to\infty} \left|\int_0^x (S^*(s) - S_n^*(s))\,dt\right| \\
&\leq \lim_{n\to\infty} (S^*(s) - S_n^*(s))\,|x| = 0
\end{aligned}$$

である． (証明終わり)

定理 9.3 より，$S[z]$, $D^n S[z]$, $IS[z]$ の収束半径はすべて相等しい．

定理 10.4 実数のべき級数 $S[z] = \sum_{n=0}^{\infty} a_n z^n$ の収束半径 ρ は正とする．このとき，連続関数 $S(x)$ は開区間 $(-\rho, \rho)$ で何回でも微分可能で，任意の自然数 n について，

$$S^{(n)}(x) = (D^n S)(x), \qquad a_n = \frac{S^{(n)}(0)}{n!} \tag{10.5}$$

が成り立つ．特に，$S(x)$ の $x=0$ におけるテイラーべき級数は $S[x]$ である．さらに，$|x| < \rho$ である限り，

$$S(x) = \sum_{n=0}^{\infty} \frac{S^{(n)}(0)}{n!} x^n \tag{10.6}$$

である．

証明 定理 10.3 より $|x| < \rho$ のとき，

$$\int_0^x D^1 S(t)\,dt = I(D^1 S)(x) = S(x) - a_0$$

となるから，$S(x)$ は $D^1 S(x)$ の不定積分である．したがって，$S(x)$ は微分可能で $S^{(1)}(x) = D^1 S(x)$ を得る．特に，$a_1 = (D^1 S)(0) = S^{(1)}(0)$ である．(10.5) が $k \geq 1$ まで証明できたとする．すなわち，$S^{(k)}(x) = (D^k S)(x)$ が成り立つとする．$T[z] = (D^k S)[z]$ に証明済みの $k=1$ の場合の結果を適用して，$T(x)$ は微分可能であり，$T^{(1)}(x) = (D^1 T)(x)$ となる．したがって，

$$S^{(k+1)}(x) = (S^{(k)})^{(1)}(x) = T^{(1)}(x) = (D^1 T)(x) = (D^{k+1} S)(x)$$

を得る．残りの主張は明らかである． (証明終わり)

系 10.1 開区間 $(-r, r)$ を定義域とするべき級数による関数 $f(x)$ の，$x=0$ におけるテイラーべき級数の収束半径は r 以上であり，$|x| < r$ である限り，

$$f(x) = \sum_{n=0}^{\infty} \frac{f^{(n)}(0)}{n!} x^n$$

となる．

演習問題

[A]

問題 10.1 開区間 $(-1, 1)$ 上の関数 $\log(1+x)$ の $x=0$ におけるテイラー展開

$$\log(1+x) \simeq S[x] = \sum_{n=0}^{\infty} \frac{(-1)^n}{n+1} x^{n+1}$$

の収束半径 ρ を求めよ. さらに, $|x| < \rho$ となる実数に対して, $\log(1+x) = S(x)$ となることを証明せよ.

問題 10.2 開区間 $(-1, 1)$ 上の関数 $\operatorname{Arctan} x$ の $x=0$ に関するテイラー展開

$$\operatorname{Arctan} x \simeq S[x] = \sum_{n=0}^{\infty} \frac{(-1)^n}{2n+1} x^{2n+1}$$

の収束半径 ρ を求めよ. さらに $|x| < \rho$ となる実数に対して, $\operatorname{Arctan} x = S(x)$ となることを証明せよ.

研究課題6　べき級数による関数の合成

命題 10.2　開区間 $(-r,r)$ を定義域とするべき級数による関数 $f(x)$, $g(x)$ が $g(0)=0$ を満たすとする．このとき，$0<s<r$ となる s を適当にとれば，次が成り立つ．
(1) $|x|<s$ であれば，$|g(x)|<r$ となる．
(2) 開区間 $(-s,s)$ を定義域とする $f(g(x))$ は，べき級数による関数である．

証明　収束半径が r 以上のべき級数 $S[z], T[z]$ により，$f(x)=S(x)$, $g(x)=T(x)$ $(|x|<r)$ とする．命題 9.2 (134 ページ) より，適当に $s>0$ を選べば，$|x|<s$ に対して $f(g(x))=(S\circ T)(x)$ となるから，開区間 $(-s,s)$ を定義域として，$f(g(x))$ はべき級数による関数である．　　　　　　　　　　(証明終わり)

命題 10.3　開区間 $(-r,r)$ を定義域とするべき級数による関数 $f(x)$ が，$|x|<r$ なる限り $f(x)\neq 0$ を満たすとする．このとき，$0<s<r$ となる s を適当にとれば，開区間 $(-s,s)$ を定義域とする関数 $1/f(x)$ はべき級数による関数である．

証明　収束半径が r 以上のべき級数 $S[z]$ によって $f(x)=S(x)$ $(|x|<r)$ となる．$T[z]=(S[z])^{-1}$ とおいて命題 9.3 (136 ページ) より，$s=\min\{r,\rho(T)\}$ とおけば，$|x|<s$ なる限り，$1/f(x)=T(x)$ であるから，開区間 $(-s,s)$ を定義域とする関数 $1/f(x)$ はべき級数による関数である．　　　　(証明終わり)

第11章　2階線形常微分方程式

11.1　実解析的関数

関数 $f(x)$ は開区間 (a,b) で何回でも微分可能な関数とする．いま，$a < p < b$ とする．関数 $f(x)$ が $x = p$ で**実解析的**であるとは，実数のべき級数

$$S_p[z] = \sum_{n=0}^{\infty} a_n z^n$$

を適当に選ぶとき，その収束半径 ρ が正数であり，p に近いすべての実数 x について[1]，$f(x) = S_p(x-p)$ となることと定義する．このとき，定理 10.4 (143 ページ) により，

$$a_n = \frac{D^n S_p(0)}{n!} = \frac{f^{(n)}(p)}{n!}$$

となるから，実数のべき級数 $S_p[z]$ の選び方は 1 通りである．

関数 $f(x)$ の $x = p$ $(a < p < b)$ におけるテイラーべき級数を $T(f;p)[z]$ で表そう．すなわち，

$$T(f;p)[z] = \sum_{n=0}^{\infty} \frac{f^{(n)}(p)}{n!} z^n$$

とおく．定理 10.4 から，次の命題が成り立つ．

---

[1] すなわち，ある正数 r $(r < \min\{|p-a|, |p-b|, \rho\})$ に対して，x が $|x-p| < r$ を満たす限り，ということである．

命題 11.1　開区間 (a,b) で何回でも微分可能な関数 $f(x)$ が, $p\ (a<p<b)$ で実解析的であるための必要十分条件は, テイラーべき級数 $T(f;p)[z]$ の収束半径が正であり, p に十分近いすべての実数 x について,

$$f(x) = T(f;p)(x-p) = \sum_{n=0}^{\infty} \frac{f^{(n)}(p)}{n!}(x-p)^n$$

となることである.

【例 11.1】　(1) 多項式関数 $f(x) = a_0 + a_1 x + \cdots + a_n x^n$ を考察しよう. 任意の実数 p について,

$$f(x) = \sum_{k=0}^{\infty} \frac{f^{(k)}(p)}{k!}(x-p)^k = T(f;p)(x-p)$$

であることを (1.1) (3 ページ) で示した. したがって, 多項式関数 $f(x)$ はすべての実数 p で実解析的である.

(2) 関数 $f(x)$ を初等関数

$(1+x)^r,\ e^x,\ \sin x,\ \cos x,\ \tan x,\ \sinh x,\ \cosh x,\ \tanh x$

$\log x,\ \text{Arcsin}\,x,\ \text{Arccos}\,x,\ \text{Arctan}\,x,\ \text{Arcsinh}\,x,\ \text{Arctanh}\,x$

とするとき, $|x|<1$ であれば, $f(x) = T(f;0)(x)$ であることを第 7 章で示した. したがって, 命題 11.1 より, この関数 $f(x)$ は $x=0$ で実解析的である.

定義 11.1　開区間 (a,b) を定義域とする何回でも微分可能な関数 $f(x)$ が**実解析的関数**であるとは, 任意の $p\ (a<p<b)$ について, 関数 $f(x)$ が $x=p$ で実解析的であることと定義する.

命題 11.2　関数 $f(x), g(x)$ が定義域の点 $x=p$ で実解析的ならば, 次の各関数も $x=p$ で実解析的である.

(1) $h\,f(x) + k\,g(x)$　　(h, k は定数)

(2) $f(x)\,g(x)$

(3) $f(x)/g(x)$　　($g(p) \ne 0$)

証明 (1) と (2) は命題 10.1 (142 ページ) より明らかである[2]．

(証明終わり)

定理 11.1 $f(x)$ を開区間 (a, b) を定義域とする実解析的関数とするとき，$f(x)$ の導関数 $f^{(1)}(x)$ ならびに不定積分 $\int f(x)\,dx$ は，共に実解析的関数である．

証明 任意に $c\ (a < c < b)$ をとる．関数 $f(x)$ は c で実解析的であるから，テイラーべき級数

$$T[z] = T(f;c)[z] = \sum_{n=0}^{\infty} \frac{f^{(n)}(c)}{n!} z^n$$

の収束半径 ρ は正であり，$|x-c|$ が十分小さい限り $f(x) = T(x-c)$ が成り立つ．$|x| < \rho$ である限り，

$$\frac{dT(x)}{dx} = (D^1 T)(x), \qquad \int T(x)\,dx = (IT)(x)$$

であることを定理 10.3 (142 ページ)，定理 10.4 (143 ページ) で証明した[3]．したがって，

$$\frac{df(x)}{dx} = \frac{dT(x-c)}{dx} = (D^1 T)(x-c)$$

であり，さらに，

$$\int f(x)\,dx = \int T(x-c)\,dx = (IT)(x-c)$$

を得る．

(証明終わり)

命題 11.3 複素数のべき級数 $S[z] = \sum_{n=0}^{\infty} a_n z^n$ について，収束半径 ρ は正とする．任意に複素数 $w\ (|w| < \rho)$ を選ぶ．このとき，べき級数

$$T[z] = \sum_{n=0}^{\infty} \frac{1}{n!} (D^n S)(w) z^n$$

---

[2] (3) について興味ある読者は演習問題 [B] を参照．
[3] $IT = 0 + \sum_{n=0}^{\infty} a_n z^{n+1}/(n+1)$ である．

の収束半径 ρ^* について, $\rho^* \geq \rho-|w|$ が成り立つ. さらに, $|x-w|<\rho-|w|$ を満たす任意の複素数 x について, $S(x)=T(x-w)$ となる. ただし, ここで,

$$D^n S[z] = \sum_{k=0}^{\infty} \frac{(n+k)!}{k!} a_{n+k} z^k$$

である.

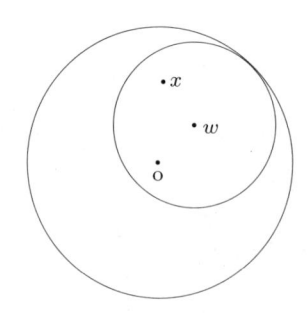

図 11.1

証明 複素数 x が $|x-w|+|w|<\rho$ を満たすとする. $|x| \leq |x-w|+|w|<\rho$ であるから,

$$S(x) = \sum_{n=0}^{\infty} a_n x^n = \sum_{n=0}^{\infty} a_n \sum_{k=0}^{n} \binom{n}{k}(x-w)^k w^{n-k}$$

であることに着目する.

$$A_{m,n} = a_{m+n} \binom{m+n}{m}(x-w)^m w^n$$

とおいて, 二重級数

$$\sum_{m,n=0}^{\infty} A_{m,n}$$

を考えると，これは絶対収束する．なぜなら，

$$\sum_{n=0}^{\infty}\sum_{k=0}^{n}|A_{k,n-k}| = \sum_{n=0}^{\infty}\sum_{k=0}^{n}|a_n \binom{n}{k}(x-w)^k w^{n-k}|$$
$$= \sum_{n=0}^{\infty}|a_n|(|x-w|+|w|)^n < \infty$$

であるからである．定理 8.3（107 ページ）より，

$$\sum_{m=0}^{\infty}\sum_{n=0}^{\infty}|A_{m,n}| < \infty$$

である．一方，

$$\sum_{m=0}^{\infty}\frac{1}{m!}|(D^m S)(w)|\,|z-w|^m$$
$$\leq \sum_{m=0}^{\infty}\frac{1}{m!}(\sum_{n=0}^{\infty}|a_{m+n}|\frac{(m+n)!}{n!}|w|^n)|z-w|^m$$
$$= \sum_{m=0}^{\infty}\sum_{n=0}^{\infty}|A_{m,n}| < \infty$$

であるから，$\rho^* \geq \rho(S) - |w|$ となる．さらに，

$$S(z) = \sum_{n=0}^{\infty}\sum_{k=0}^{n}A_{k,n-k} = \sum_{m=0}^{\infty}\sum_{n=0}^{\infty}A_{m,n}$$
$$= \sum_{m=0}^{\infty}\sum_{n=0}^{\infty}a_{n+m}\binom{m+n}{m}(z-w)^m w^n$$
$$= \sum_{m=0}^{\infty}\sum_{n=0}^{\infty}a_{n+m}\frac{(m+n)!}{m!\,n!}(z-w)^m w^n$$
$$= \sum_{m=0}^{\infty}\frac{(z-w)^m}{m!}\sum_{n=0}^{\infty}a_{n+m}\frac{(m+n)!}{n!}w^n = \sum_{m=0}^{\infty}\frac{(z-w)^m}{m!}(D^m S)(w)$$
$$= T(z-w)$$

となる. (証明終わり)

定理 11.2 実数のべき級数 $S[z] = \sum_{n=0}^{\infty} a_n z^n$ の収束半径 ρ は正とする. 開区間 $(-\rho, \rho)$ を定義域とする関数 $S(x)$ の, 任意の c $(-\rho < c < \rho)$ に関するテイラー展開

$$S(x) \simeq \sum_{n=0}^{\infty} \frac{S^{(n)}(c)}{n!}(x-c)^n$$

に関して次が成り立つ.
 (1) べき級数 $\sum_{n=0}^{\infty} \frac{S^{(n)}(c)}{n!} z^n$ の収束半径は $\delta = \rho - |c|$ より大きい.
 (2) 開区間 $(c-\delta, c+\delta)$ の上で,

$$S(x) = \sum_{n=0}^{\infty} \frac{S^{(n)}(c)}{n!}(x-c)^n$$

　となる.
 (3) 関数 $S(x)$ は $(-\rho, \rho)$ で実解析的関数である.

証明 命題 11.3 より, べき級数

$$T[z] = \sum_{n=0}^{\infty} \frac{(D^n S)(c)}{n!} z^n$$

の収束半径は, $\delta = \rho - |c|$ より大きく, $|x-c| < \delta$ であれば, $S(x) = T(x-c)$ となる. すなわち,

$$S(x) = \sum_{n=0}^{\infty} \frac{(D^n S)(c)}{n!}(x-c)^n$$

となる. 一方で, 定理 10.4 (143 ページ) より, $(D^n S)(c) = S^{(n)}(c)$ である. (証明終わり)

これより, 初等関数は実解析的関数である.

11.2　2階線形常微分方程式の解

関数 $p(x)$, $q(x)$ は開区間 (a,b) で何回でも微分可能とする．何回でも微分可能な関数 $f(x)$ に関して，

$$f^{(2)}(x) + p(x)f^{(1)}(x) + q(x)f(x) = 0 \qquad (a < x < b) \qquad (11.1)$$

を **2階線形常微分方程式**とよび，これを満たす関数 $f(x)$ を**解**とよぶ．

例題 11.1　何回でも微分可能な関数 $f_1(x), \cdots, f_n(x)$ がそれぞれ方程式 (11.1) の解とするとき，任意の定数 $a_1, \cdots, a_n$ について，

$$g(x) = a_1 f_1(x) + \cdots + a_n f_n(x)$$

もまた方程式 (11.1) の解になることを示せ．

解答例　参考資料 (6) の導関数の公式により，

$$g^{(2)}(x) + p(x)\, g^{(1)}(x) + q(x)\, g(x)$$
$$= \sum_{k=1}^{n} a_k \bigl(f_k^{(2)}(x) + p(x)\, f_k^{(1)}(x) + q(x)\, f_k(x) \bigr) = 0$$

となる．(解答終わり)

定義 11.2　開区間 (a,b) で何回でも微分可能な関数 $f_1(x), \cdots, f_n(x)$ が**一次独立**であるとは，定数 $a_1, \cdots, a_n$ が

$$a_1 f_1(x) + \cdots + a_n f_n(x) = 0 \qquad (a < x < b)$$

を満たすのは，$a_1 = 0, \cdots, a_n = 0$ のときに限ることとする．

例題 11.2　開区間 $(0, \pi)$ 上の関数として $\sin mx, \sin nx$ (m, n は整数，$m \neq n$, $mn > 0$) は一次独立であることを示せ．

解答例 定数 a, b が $a\sin mx + b\sin nx = 0$ $(0 < x < \pi)$ を満たすとする．このとき，
$$\int_0^\pi (a\sin mx + b\sin nx)\sin kx\,dx = 0$$
である．一方，$m \neq n$, $mn > 0$ であるから，
$$\int_0^\pi (\sin mx)^2\,dx = \int_0^\pi (\sin nx)^2\,dx = 2\pi, \quad \int_0^\pi \sin mx \sin nx\,dx = 0$$
となり，$k = m$ として $a = 0$ が，$k = n$ として $b = 0$ が得られる．(解答終わり)

補題 11.1 任意に $c\,(a < c < b)$ を選んでおく．開区間 (a, b) で何回でも微分可能な関数 $f(x), g(x)$ が方程式 (11.1) の解とする．このとき，$f(x), g(x)$ が一次独立であるための必要十分条件は，
$$f(c)\,g^{(1)}(c) - f^{(1)}(c)\,g(c) \neq 0 \tag{11.2}$$
である．

証明 仮定より，
$$f^{(2)}(x) + p(x)\,f^{(1)}(x) + q(x)\,f(x) = 0$$
$$g^{(2)}(x) + p(x)\,g^{(1)}(x) + q(x)\,g(x) = 0$$
である．$W(x) = f(x)\,g^{(1)}(x) - f^{(1)}(x)\,g(x)$ [4] とおけば，第 1 式に $g(x)$ を，第 2 式に $f(x)$ を掛けて引き算をして，
$$W^{(1)}(x) + p(x)W(x) = 0 \tag{11.3}$$
となる．$V(x) = \exp(-\int_s^x P(x)\,dx)$ とおくと，
$$V^{(1)}(x) + p(x)\,V(x) = 0$$

---

[4] これをロンスキアンという．

である．これと (11.3) より，

$$\left(\frac{W(x)}{V(x)}\right)^{(1)} = \frac{W^{(1)}(x)V(x) - W(x)V^{(1)}(x)}{(V(x))^2} = 0$$

である．参考資料 (7)-(c) より，

$$\frac{W(x)}{V(x)} = C \quad (C \text{ は定数})$$

となる．これは次のいずれか一方のみ起こることを意味する．
 (1) $W(x)$ が (a,b) 上で恒等的に 0 である．
 (2) $W(x)$ が (a,b) 上でけっして 0 にならない．
 もし，$f(x), g(x)$ が一次独立でなければ，適当に定数 s, t ($s = t = 0$ でない) を選べば，$sf(x) + tg(x) = 0$ ($a < x < b$) となるから，$W(x) = 0$ ($a < x < b$) となる．逆に，$W(x) = 0$ ($a < x < b$) であれば，$f(x) = Cg(x)$ となる（C は定数）[5]．以上より，次の 3 つの条件が互いに同値であることがわかる．
 (1) $f(x), g(x)$ は一次独立である
 (2) $W(x)$ が (a,b) 上でけっして 0 にならない．
 (3) $f(c)g^{(1)}(c) - f^{(1)}(c)g(c) \neq 0$ （証明終わり）

命題 11.4 $a < c < b$ となる c を任意にとる．$f(x), g(x)$ は方程式 (11.1) の解であり，かつ一次独立とする．このとき，任意の実数 s, t について，方程式 (11.1) の解 $h(x)$ で，$h(c) = s, h^{(1)}(c) = t$ となるものが，ただ 1 通り存在する．

証明 $s = t = 0$ の場合は明らかであるので，s, t のいずれか一方は 0 でないとする．補題 11.1 より，

$$W(c) = f(c)g^{(1)}(c) - f^{(1)}(c)g(c) \neq 0$$

---

5) 演習問題 11.2 参照．

であるから，実数 S, T を連立 1 次方程式

$$\begin{aligned} Sf(c) + Tg(c) &= s \\ Sf^{(1)}(c) + Tg^{(1)}(c) &= t \end{aligned} \tag{11.4}$$

を満たすようにとれる．ここで，$h(x) = Sf(x) + Tg(x)$ とおけば，条件を満たす．条件を満たす解 $k(x)$ がもう 1 つあったとしよう．そうすれば，

$$h(c)\, k^{(1)}(c) - h^{(1)}(c)\, k(c) = 0$$

であるから，補題 11.1 より，$h(x), k(x)$ は一次独立ではない．すなわち，共には 0 にならない実数 u, v を適当に選んで $uh(x) + vk(x) = 0$ とできる．$x = c$ として，$s \neq 0$ または $t \neq 0$ であるから $u = -v$ となる．

(証明終わり)

11.3　べき級数による解法

実数のべき級数

$$P[z] = \sum_{n=0}^{\infty} a_n z^n, \quad Q[z] = \sum_{n=0}^{\infty} b_n z^n$$

の収束半径が共に $R > 0$ より大きいとする．このとき，何回でも微分可能な関数 $f(x)$ で，微分方程式

$$f^{(2)}(x) + P(x)\, f^{(1)}(x) + Q(x)\, f(x) = 0 \tag{11.5}$$

を満たすものがあるだろうか？

そこで，収束半径が正である実数のべき級数

$$S[z] = \sum_{n=0}^{\infty} c_n z^n$$

を適当に選んで，0 に十分近いすべての x で，

$$S^{(2)}(x) + P(x)\, S^{(1)}(x) + Q(x) S(x) = 0$$

とできるかどうか考える．そのために，まず，

$$D^2 S[z] + P[z] \cdot D^1 S[z] + Q[z] \cdot S[z] = 0 \tag{11.6}$$

を満たすように $S[z]$ が選べるかどうか考える．

$$Q[z] \cdot S[z] = \sum_{n=0}^{\infty} \bigl(\sum_{k=0}^{n} b_{n-k}\, c_k\bigr) z^n$$

$$P[z] \cdot D^1 S[z] = \sum_{n=0}^{\infty} \bigl(\sum_{k=0}^{n} (k+1)\, a_{n-k}\, c_{k+1}\bigr) z^n$$

$$D^2 S[z] = \sum_{n=0}^{\infty} (n+2)(n+1)\, c_{n+2}\, z^n$$

であるから，(11.6) より z^n の係数に着目すると，

$$(n+2)(n+1)\, c_{n+2} + \sum_{k=0}^{n} (k+1)\, a_{n-k}\, c_{k+1} + \sum_{k=0}^{n} b_{n-k}\, c_k = 0 \tag{11.7}$$

が成立していなければならない．この式で，$n=0$ とおけば，

$$2\, c_2 + a_0\, c_1 + c_0\, b_0 = 0$$

である．ここで，c_0, c_1 を任意に選んでおく．これより c_2 がただ 1 通りに決まり，(11.7) で $n=1$ とすれば，c_3 がただ 1 通りに決まる．このようにしてすべての係数 c_n が決まる．次に，こうして得たべき級数 $S[z] = \sum_{n=0}^{\infty} c_n\, z^n$ の収束半径が正であることを示す．

例題 8.2（103 ページ）より，任意の $0 < r < R$ について，

$$\lim_{n \to \infty} |a_n|\, r^n = 0, \quad \lim_{n \to \infty} |b_n|\, r^n = 0$$

であるから，適当に正数 M を選べば，すべての自然数 n について，$|a_n|\, r^n < M$，$|b_n|\, r^n < M$ となる．必要なら M を十分大きくとり直して，r を $|c_0| < M$, $|c_1| < r < 1 < M$ となるようにする．このとき，すべての自然

数 n について，

$$|c_n| < \frac{M^{n+1}}{r^n} \tag{11.8}$$

であることを示す．c_0, c_1 については正しいので，$c_0, c_1, \cdots, c_{n+1}$ まで正しいと仮定して，c_{n+2} について正しいことを示す．(11.7) より，

$$\begin{aligned}
(n+2)(n+1)|c_{n+2}| &\leq \sum_{k=0}^{n} \left\{ (k+1)|a_{n-k}\,c_{k+1}| + |b_{n-k}\,c_k| \right\} \\
&\leq \sum_{k=0}^{n} \left\{ (k+1)\frac{M}{r^{n-k}}\frac{M^{k+2}}{r^{k+1}} + \frac{M}{r^{n-k}}\frac{M^{k+1}}{r^k} \right\} \\
&\leq \frac{M^{n+3}}{r^{n+1}} \sum_{k=0}^{n} (k+2) = \frac{M^{n+3}}{r^{n+1}} \frac{(n+4)(n+1)}{2}
\end{aligned}$$

である．よって，

$$|c_{n+2}| \leq \frac{M^{n+3}}{r^{n+1}} \frac{n+4}{2n+4} < \frac{M^{n+3}}{r^{n+2}}$$

となり，したがって，c_{n+2} についても証明できた．$0 < s < r/M$ であれば，$|c_n|s^n < (M^{n+1}/r^n)s^n = M(sM/r)^n$ であり，$sM/r < 1$ であるから，級数 $\sum_{n=0}^{\infty} |c_n|s^n$ は収束する．したがって，$S[z]$ の収束半径は正である．

定理 10.4（143 ページ）より，関数 $S(x)$ が方程式 (11.5) を満たす．

【例 11.2】 上記において，$P[z] = 0, Q[z] = 1, c_0 = 0, c_1 = 1$ の場合を考える．(11.7) は $(n+2)(n+1)c_{n+2} + c_n = 0$ となる．仮定より，$c_0 = 0, c_1 = 1$ であり，$c_{2n} = 0, c_{2n+1} = (-1)^n/(2n+1)!$ となるから，求める $S[z]$ は $\sin x$ の $x = 0$ に関するテイラーべき級数である（例 7.4（91 ページ）を参照）．

以上をまとめて，次の定理を得る．

定理 11.3 開区間 $(-r, r)$ を定義域とするべき級数による関数 $p(x), q(x)$

について，2階常微分方程式

$$f^{(2)}(x) + p(x)f^{(1)}(x) + q(x)f(x) = 0 \qquad (-r < x < r) \qquad (11.9)$$

を考える．任意の実数 s, t について，十分小さい正数 $d\,(d < r)$ を選べば，開区間 $(-d, d)$ を定義域とするべき級数による関数 $f(x)$ がただ1通り存在して，$-d < x < d$ の範囲で方程式 (11.9) を満たし，かつ $f(0) = s$, $f^{(1)}(0) = t$ となる．

定理 11.3 をより一般にした次の定理を得る．

定理 11.4 開区間 (a, b) を定義域とする実解析的関数 $p(x), q(x)$ について，2階常微分方程式

$$f^{(2)}(x) + p(x)f^{(1)}(x) + q(x)f(x) = 0 \qquad (a < x < b) \qquad (11.10)$$

を考える．$c\,(a < c < b)$ を任意に定める．任意の実数 s, t について，開区間 (a, b) を定義域とする実解析的関数 $f(x)$ がただ1通り存在して，$a < x < b$ の範囲で方程式 (11.10) を満たし，かつ $f(c) = s$, $f^{(1)}(c) = t$ となる．

演習問題

[A]

問題 11.1 次の常微分方程式の解を求めよ．
(1) $(x+1)f^{(1)}(x) - f(x) = x(x+1)$, $f(0) = a_0$
(2) $f^{(1)}(x) - 2xf(x) = x$, $f(0) = a_0$
(3) $(1-x^2)f^{(2)}(x) - 2xf^{(1)}(x) + \alpha(\alpha+1)f(x) = 0$, $f(0) = a_0, f^{(1)}(0) = a_1$
(**Legendre** の微分方程式)
(4) $f^{(2)}(x) - 2xf^{(1)}(x) + 2\alpha f(x) = 0$, $f(0) = a_0$, $f^{(1)}(0) = a_1$ (**Hermite** の微分方程式)

問題 11.2 開区間 (a, b) で何回でも微分可能な関数 $f(x), g(x)$ が方程式 (11.1) の解のとき，適当に定数 p, q ($p = q = 0$ でない) を選べば $pf(x) + qg(x) = 0$ ($a < x < b$) となる必要十分条件は，$f^{(1)}(x)g(x) - f(x)g^{(1)}(x) = 0$ ($a < x < b$) であることを証明せよ．

[B]

研究課題 4 の命題 9.2 (134 ページ)，命題 9.3 (136 ページ) からただちに次を得る．

(1) $f(x)$ が開区間 (a, b) で定義された実解析的関数であり，$a < x < b$ で $f(x) \neq 0$ であれば，関数 $1/f(x)$ も (a, b) で実解析的関数である．

(2) さらに，$g(x)$ が開区間 (c, d) を定義域とする実解析的関数で，$a < g(x) < b$ ($c < x < d$) とするとき，関数 $f(g(x))$ は (c, d) を定義域とする実解析的関数である．

これを使って次の問いに答えよ．

問題 11.3 関数 $f(x) = x/(e^x - 1)$ $(x \neq 0)$, $f(0) = 1$ について次の問いに答えよ．

(1) $f(x)$ は 0 で実解析的であることを示せ．

(2) $f(x) = \sum_{n=0}^{\infty} b_n x^n/n!$ とすれば，$b_0 = 1, b_1 = -1/2, b_{2n+1} = 0$ であることを示せ．よって，次を得る．

$$\frac{x}{e^x - 1} = -\frac{1}{2}x + \sum_{n=0}^{\infty} b_{2n} \frac{x^{2n}}{(2n)!}$$

(3) b_{2n} を (2) の通りとするとき次を示せ．

$$\frac{x}{\tan x} = 1 - \sum_{n=1}^{\infty} 2^{2n}(-1)^{n-1} b_{2n} \frac{x^{2n}}{(2n)!}$$

(4) $\tan x = 1/\tan x - 2/\tan 2x$ を利用して次を示せ．

$$\tan x = \sum_{n=0}^{\infty} 2^{2n}(2^{2n} - 1)(-1)^{n-1} b_{2n} \frac{x^{2n-1}}{(2n)!}$$

第12章　コーシーの積分定理

閉区間 $[a, b]$ を定義域とし，複素数に値をとる連続関数 $\varphi(t)$ を考察しよう．すなわち，閉区間 $[a, b]$ を定義域とし，実数に値をとる連続関数 $f(t), g(t)$ によって $\varphi(t) = f(t) + i g(t)$ と表される関数を考える．この関数 $\varphi(t)$ の $a < t < b$ における n 階の導関数 $\varphi^{(n)}(t)$，定積分 $\int_a^b \varphi(t)\, dt$ を次のように定める．

$$\begin{aligned}\varphi^{(n)}(t) &= f^{(n)}(t) + i\, g^{(n)}(t) \\ \int_a^b \varphi(t)\, dt &= \int_a^b f(t)\, dt + i \left(\int_a^b g(t)\, dt \right)\end{aligned} \quad (12.1)$$

12.1　線積分

複素数 $z = x + iy$ を座標平面上の点 $P(x, y)$ で表すことを高校で学んだ．このとき，この平面を**複素平面**といい，x 軸を**実軸**，y 軸を**虚軸**という．また，複素数 $z = x + iy$ を表す点 P を，単に z とよび，$P(z)$ または $P(x + iy)$ と書くことがある．

座標平面の部分集合 D が**開集合**であるとは，D の中の任意の点 $P(a, b)$ について，適当に $r > 0$ をとれば，部分集合

$$\{ P(x, y) \mid (x - a)^2 + (y - b)^2 < r^2 \}$$

が D に含まれることとする．これは $w = a + ib$ とおくとき，複素平面として考えれば，部分集合

$$\{ z \mid |z - w| < r,\ z \text{ は複素数} \}$$

が D に含まれることと同じである．

p, q を複素数とする．閉区間 $[a, b]$ を定義域とする関数 $\gamma(t) = A(t) + iB(t)$ が p と q を結ぶ**折れた曲線**であるとは，以下の条件を満たすこととする．
(1) $A(t), B(t)$ は連続関数で，$\gamma(a) = p, \gamma(b) = q$ である．
(2) $A(t), B(t)$ は有限個の点 $a = a_0 < a_1 < a_2 < \cdots < a_l = b$ を除いた t で連続微分可能[1]である．
(3) 適当に正数 M を選べば，$0 < |\gamma^{(1)}(t)| < M$ となる．

以後，$\gamma(a_0), \gamma(a_1), \cdots, \gamma(a_l)$ を**頂点**とよび，$\gamma([a_0, a_1]), \cdots, \gamma([a_{l-1}, a_l])$ を**辺**とよぶ[2]．また，$\gamma(b) = \gamma(a)$ のとき，$\gamma(t)$ を**閉じた折れ線**という．さらに，閉じた折れ線 $\gamma(t)$ が反時計回り（内部を左にみる）で自分自身と交わらないとき，**単純閉曲線**という．例えば，

$$\gamma(t) = \begin{cases} t & (0 \leq t \leq R) \\ R + i(t - R) & (R \leq t \leq R + T) \\ (2R + T - t) + iT & (R + T \leq t \leq 2R + T) \\ i(2R + 2T - t) & (2R + T \leq t \leq 2R + 2T) \end{cases}$$

で定義すると，これは $P(0,0), P(R,0), P(R,T), P(0,T)$ を頂点とする 4 辺形の周囲を表す（図 12.1 の左図参照）．

開集合 D 内の折れた曲線 $\gamma(t)$ と D 上で定義された複素数に値をとる関数 $w = f(z)$ を考察しよう．このとき，

$$\int_{\gamma(t)} f(z)\, dz = \sum_{k=1}^{l} \int_{a_{k-1}}^{a_k} f(\gamma(t))\, \gamma^{(1)}(t)\, dt \tag{12.2}$$

と定義し，関数 $f(z)$ の曲線 $\gamma(t)$ に沿う**線積分**という．以下の議論で混乱

---

[1] 微分可能で，その導関数が連続であることを意味する．
[2] $\gamma([a_{k-1}, a_k]) = \{\gamma(t)\,|\,a_{k-1} \leq t \leq a_k\}$ である．

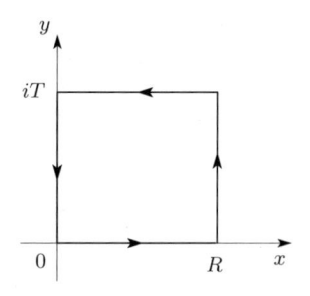

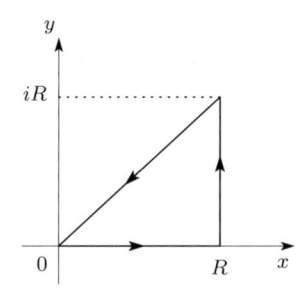

図 12.1

の恐れがないときには，

$$\int_{\gamma(t)} f(z)\,dz = \int_a^b f(\gamma(t))\,\gamma^{(1)}(t)\,dt$$

とも表す．さらに，D 内の折れた曲線 $\gamma_1(t), \cdots, \gamma_k(t)$ に対して，

$$\int_{\gamma_1(t)+\cdots+\gamma_k(t)} f(z)\,dz = \sum_{j=1}^k \int_{\gamma_j(t)} f(z)\,dz$$

として左辺を定義する．

【例 12.1】 $p=(c,0), q=(d,0)$ $(c<d)$ とし，$\gamma(t) = A(t)$ $(a \le t \le b)$ を p と q を結ぶ x 軸に乗っている折れた曲線とする．$A(t)$ が連続微分可能なとき，定積分の置換積分法[3]より，

$$\int_{\gamma(t)} f(z)\,dz = \int_a^b f(\gamma(t))\,\gamma^{(1)}(t)\,dt = \int_a^b f(A(t))A^{(1)}(t)\,dt = \int_c^d f(x)\,dx$$

となる．

べき級数 $S[z] = \sum_{n=0}^{\infty} z^n/n!$ の収束半径は ∞ であり，任意の複素数 z について $\exp(z) = S(z)$ とおくとき，任意の複素数 z, w について，

$$\exp(z+w) = \exp(z)\exp(w)$$

---

3) 参考資料の (9)-(a) 参照．

となることを例 9.2 (122 ページ) で説明した．また，任意の複素数 $z = a+ib$ に対して，$e^z = e^a(\cos b + i \sin b)$ と定義した．一方，例 7.3 (90 ページ) と例 7.4 (91 ページ) により，任意の実数 x について，

$$\exp(x) = e^x, \quad \exp(i\,x) = \cos x + i \sin x = e^{i\,x}$$

である．したがって，複素数 $z = a+ib$ について，

$$\exp z = \exp(a)\exp(i\,b) = e^a(\cos b + i \sin b) = e^z \qquad (12.3)$$

より，

$$\exp z = 1 \iff z = 2\pi\,i\,n \quad (n\text{ は整数}) \qquad (12.4)$$

である．

例題 12.1 $\varphi(t) = f(t) + i\,g(t)$ について，$\xi(t) = \exp(\varphi(t))$ とおくとき，

$$\xi^{(1)}(t) = \exp(\varphi(t))\,\varphi^{(1)}(t)$$

となることを示せ．

解答例

$$\xi(t) = \exp(f(t) + i\,g(t)) = e^{f(t)}\bigl(\cos(g(t)) + i\,\sin(g(t))\bigr)$$
$$= e^{f(t)}\cos(g(t)) + i\,e^{f(t)}\sin(g(t))$$

であるから，

$$\xi^{(1)}(t)$$
$$= e^{f(t)}f^{(1)}(t)\cos(g(t)) - e^{f(t)}\sin(g(t))\,g^{(1)}(t)$$
$$\quad + i\,e^{f(t)}f^{(1)}(t)\sin(g(t)) + i\,e^{f(t)}\cos(g(t))\,g^{(1)}(t)$$
$$= e^{f(t)}\bigl(\cos(g(t)) + i\sin(g(t))\bigr)(f^{(1)}(t) + i\,g^{(1)}(t)) = \exp(\varphi(t))\,\varphi^{(1)}(t)$$

である．（解答終わり）

例題 12.2 任意に複素数 z_0 を選ぶ．整数 n について，$f(z) = (z-z_0)^n$ とし，$\gamma(t) = z_0 + \exp(it) = z_0 + \cos t + i \sin t \ (0 \leq t \leq 2\pi)$ とする．このとき，

$$\int_{\gamma(t)} (z-z_0)^n \, dz = \begin{cases} 2\pi i & (n=-1) \\ 0 & (n \neq -1) \end{cases}$$

となることを計算せよ．

解答例

$$\int_{\gamma(t)} (z-z_0)^n \, dz = \int_0^{2\pi} (\exp(it))^n \gamma^{(1)}(t) \, dt$$
$$= i \int_0^{2\pi} (\exp(it))^n (\exp(it)) \, dt = i \int_0^{2\pi} \exp(i(n+1)t) \, dt$$

となる．$n+1=0$ のとき，

$$i \int_0^{2\pi} \exp(i(n+1)t) \, dt = 2\pi i$$

である．$n+1 \neq 0$ のとき，

$$i \int_0^{2\pi} \exp(i(n+1)t) \, dt = \int_0^{2\pi} \frac{1}{n+1} \frac{d}{dt} \exp(i(n+1)t) \, dt$$
$$= \frac{1}{n+1} (\exp(2(n+1)\pi i) - \exp(0)) = 0$$

となる．(解答終わり)

命題 12.1 $\gamma(t) \ (a \leq t \leq b)$ を p と q を結ぶ折れた曲線とし，n を -1 と異なる整数とする．$n \leq -2$ のときは，複素数 z_0 は，折れた曲線 $\gamma(t)$ の上に乗っていないように任意に選ぶ．このとき，

$$\int_{\gamma(t)} (z-z_0)^n \, dz = \frac{(q-z_0)^{n+1}}{n+1} - \frac{(p-z_0)^{n+1}}{n+1}$$

となる．特に，$\gamma(t)$ が閉じている場合，すなわち $q = \gamma(b) = \gamma(a) = p$ のとき，

$$\int_{\gamma(t)} (z-z_0)^n \, dz = 0 \tag{12.5}$$

となる．

証明

$$\begin{aligned}
\int_{\gamma(t)} (z-z_0)^n \, dz &= \int_a^b (\gamma(t)-z_0)^n \, \gamma^{(1)}(t) \, dt \\
&= \int_a^b \frac{1}{n+1} \frac{d}{dt} (\gamma(t)-z_0)^{n+1} \, dt \\
&= \frac{(\gamma(b)-z_0)^{n+1}}{n+1} - \frac{(\gamma(a)-z_0)^{n+1}}{n+1} \\
&= \frac{(q-z_0)^{n+1}}{n+1} - \frac{(p-z_0)^{n+1}}{n+1}
\end{aligned}$$

となる． (証明終わり)

12.2 回転数

命題 12.1 で除外した，$n = -1$ の場合，すなわち，

$$\int_{\gamma(t)} \frac{1}{z-z_0} \, dz$$

の計算をするために，1つ準備をする．

補題 12.1 折れた曲線 $\gamma(t)$ $(a \le t \le b)$ が複素数 z_0 を通らないとする．このとき，折れた曲線 $\delta(t)$ $(a \le t \le b)$ を適当に選んで，

$$\exp(\delta(t)) = \gamma(t) - z_0$$

とすることができる．

証明 複素数 $(\gamma(t) - z_0)/|\gamma(t) - z_0|$ の絶対値は 1 であるから,連続関数 $\theta(t)$ $(a \leq t \leq b)$ を適当に選んで,
$$\frac{\gamma(t) - z_0}{|\gamma(t) - z_0|} = \cos\theta(t) + i\sin\theta(t)$$
とすることができる事実を認めることにする.関数 $\theta(t)$ は $\gamma(t)$ が連続微分可能でない点 $a_0, \cdots, a_{k+1}$ を除いて連続微分可能である.このとき,$\delta(t) = \log|\gamma(t) - z_0| + i\theta(t)$ とおけば,(12.3) より $\exp(\delta(t)) = \gamma(t) - z_0$ である. (証明終わり)

命題 12.2 折れた曲線 $\gamma(t)$ $(a \leq t \leq b)$ が複素数 z_0 を通らないとする.このとき,$\exp(\delta(t)) = \gamma(t) - z_0$ であれば,
$$\int_{\gamma(t)} \frac{1}{z - z_0} dz = \delta(b) - \delta(a)$$
となる.

証明 $\gamma^{(1)}(t) = \exp(\delta(t))\,\delta^{(1)}(t)$ より,
$$\int_{\gamma(t)} \frac{1}{z - z_0} dz = \int_a^b \frac{\gamma^{(1)}(t)}{\gamma(t) - z_0} dt = \int_a^b \frac{\exp(\delta(t))\,\delta^{(1)}(t)}{\exp(\delta(t))} dt$$
$$= \int_a^b \delta^{(1)}(t)\, dt = \delta(b) - \delta(a)$$
となる. (証明終わり)

補題 12.2 記号は命題 12.2 のままとする.さらに,$\gamma(t)$ が閉じているとき,$\gamma(t)$ と z_0 によって,ある整数 n が決まり,
$$\int_{\gamma(t)} \frac{1}{z - z_0} dz = 2\pi i n \tag{12.6}$$
となる.この自然数 n を閉じた折れ線 $\gamma(t)$ の z_0 に関する**回転数**とよび,$n(\gamma(t); z_0)$ で表す.特に,$\gamma(t)$ が単純閉曲線であれば,
$$\int_{\gamma(t)} \frac{1}{z - z_0} dz = \begin{cases} 2\pi i & (\gamma(t)\ \text{が}\ z_0\ \text{を内部に含む}) \\ 0 & (\gamma(t)\ \text{が}\ z_0\ \text{を内部に含まない}) \end{cases} \tag{12.7}$$

となる.

証明 補題 12.1 に注意して，$\exp(\delta(t)) = \gamma(t) - z_0$ とする．$\exp(\delta(a)) = \exp(\delta(b))$ であるから，(12.4) より，ある整数 n を選んで，$\delta(b) - \delta(a) = 2\pi i n$ となることがわかる．よって命題 12.2 より，

$$\int_{\gamma(t)} \frac{1}{z - z_0} dz = 2\pi i n$$

となる．さて，折れた曲線 $\gamma(t)$ が z_0 を通ることなく，複素平面上を連続的に移動して折れた曲線 $\gamma^*(t)$ になったとしよう[4]．このとき，

$$\int_{\gamma_s(t)} \frac{1}{z - z_0} dz = 2\pi i n(\gamma_s(t); z_0) \quad (0 \leq s \leq 1)$$

である．一方，整数に値をとる連続関数は定数だから，s についての連続関数 $n(\gamma_s(t); z_0)$ は定数である．よって，

$$n(\gamma(t); z_0) = n(\gamma_0(t); z_0) = n(\gamma_1(t); z_0) = n(\gamma^*(t); z_0)$$

となる．ここで，$\gamma(t)$ が単純閉曲線としよう．まず，$\gamma(t)$ が z_0 を内部に含むとする．このとき，$\gamma^*(t)$ として，$\gamma^*(t) = \exp(it) + z_0 \ (0 \leq t \leq 2\pi)$ と選べる．例 12.2 より $n(\exp(it) + z_0; z_0) = 1$ であるから，$n(\gamma(t); z_0) = 1$ となる．一方，$\gamma(t)$ が z_0 を内部に含まないとしよう．このとき，任意の十分大きな正数 R について，$\gamma^*(t)$ として，$\gamma^*(t) = R + \exp(it) + z_0 \quad (0 \leq t \leq 2\pi)$ と選べる．

$$\left| \int_{\gamma^*(t)} \frac{1}{z - z_0} dz \right| = \left| \int_0^{2\pi} \frac{i \exp(it)}{R + \exp(it)} dt \right|$$
$$\leq 2\pi \frac{1}{R - 1} \longrightarrow 0 \quad (R \to \infty)$$

である．したがって，整数 $n(\gamma^*(t); z_0)$ は十分大きな正数 R について 0 であるから，$n(\gamma(t); z_0) = 0$ となる． (証明終わり)

---

[4] この模様を数学的に述べれば，$0 \leq s \leq 1$ ごとに z_0 を通らない折れた曲線 $\gamma_s(t)$ を s について連続的に決め，$\gamma_0(t) = \gamma(t), \gamma_1(t) = \gamma^*(t)$ とすることである．

12.3 コーシーの積分定理

べき級数 $S[z] = \sum_{n=0}^{\infty} a_n z^n$ の収束半径 ρ は正とする. $D = \{\, z \mid |z| < \rho \,\}$ とおくと, $w = S(z)$ は領域 D 上の複素数値関数である. D 内の折れた曲線 $\gamma(t)\,(a \leq t \leq b)$ を考える.

補題 12.3 複素数 z_0 が曲線 $\gamma(t)$ の上に乗ってないとき, 任意の整数 l について,

$$\int_{\gamma(t)} \frac{S(z)}{(z-z_0)^l}\,dz = \lim_{n\to\infty} \sum_{k=0}^{n} a_k \int_{\gamma(t)} \frac{z^k}{(z-z_0)^l}\,dz \qquad (12.8)$$

が成り立つ.

証明 $S^*[z] = \sum_{n=0}^{\infty} |a_n|\,z^n$ とおき, 自然数 n について, $S_n(z) = \sum_{k=0}^{n} a_k z^k$, $S_n^*(z) = \sum_{k=0}^{n} |a_k|\,z^k$ とおく. 正数 r を $|\gamma(t)| < r < \rho$ となるように選ぶ. 定理10.1 (139 ページ) より, 任意の $|z| < r$ について,

$$|S(z) - S_n(z)| \leq S^*(r) - S_n^*(r)$$

となる. 適当に正数 M を選べば, 任意の $t\,(a \leq t \leq b)$ について, $|\gamma^{(1)}(t)| < M$, $|\gamma(t) - z_0|^{-l} < M$ となる[5]. したがって,

$$\left| \int_{\gamma(t)} \frac{S(z)}{(z-z_0)^l}\,dz - \int_{\gamma(t)} \frac{S_n(z)}{(z-z_0)^l}\,dz \right|$$
$$= \left| \int_a^b \Bigl(\frac{S(\gamma(t))}{(\gamma(t)-z_0)^l} - \frac{S_n(\gamma(t))}{(\gamma(t)-z_0)^l} \Bigr)\,\gamma^{(1)}(t)\,dt \right|$$
$$\leq \int_a^b |S(\gamma(t)) - S_n(\gamma(t))|\,|(\gamma(t)-z_0)^{-l}\,\gamma^{(1)}(t)|\,dt$$
$$\leq (S^*(r) - S_n^*(r)) \int_a^b M^2\,dt$$
$$= (S^*(r) - S_n^*(r))\,M^2(b-a) \longrightarrow 0 \quad (n \to \infty)$$

となる. (証明終わり)

---

[5] 参考資料の (5) よりわかる.

定理 12.1 (コーシーの積分定理)　複素数のべき級数 $S[z] = \sum_{n=0}^{\infty} c_n z^n$ の収束半径 ρ は正とする. l 本の折れ線 $\gamma_k(t)$ $(a_k \leq t \leq b_k)$ が $|\gamma_k(t)| < \rho$ $(1 \leq k \leq l)$ を満たし, $\gamma_1(b_1) = \gamma_2(a_2), \cdots, \gamma_{l-1}(b_{l-1}) = \gamma_l(a_l)$ とする. このとき,

$$\sum_{k=1}^{l} \int_{\gamma_k(t)} S(z)\,dz = (IS)(\gamma_l(b_l)) - (IS)(\gamma_1(a_1))$$

となる. 特に, $\gamma_l(b_l) = \gamma_1(a_1)$ であれば, すなわち, 折れ線が閉じていれば,

$$\int_{\gamma(t)} S(z)\,dz = 0 \tag{12.9}$$

である. ここで,

$$(IS)[z] = \sum_{n=0}^{\infty} \frac{c_n}{n+1} z^{n+1}$$

である.

証明　補題 12.3, 補題 12.1 より, 任意の k $(1 \leq k \leq l)$ について,

$$\int_{\gamma_k(t)} S(z)\,dz = \lim_{n \to \infty} \sum_{j=0}^{n} c_j \int_{\gamma_k(t)} z^j\,dz$$
$$= \lim_{n \to \infty} \sum_{j=0}^{n} c_j \left(\frac{(\gamma_k(b_k))^{j+1}}{j+1} - \frac{(\gamma_k(a_k))^{j+1}}{j+1} \right)$$
$$= (IS)(\gamma_k(b_k)) - (IS)(\gamma_k(a_k))$$

である. k に関して辺々加えて主張の正しいことがわかる.　(証明終わり)

例題 12.3　複素数 $z_0 \neq 0$ を固定する. 閉じた折れ線 $\gamma(t)$ $(a \leq t \leq b)$ は $|\gamma(t)| < |z_0|$ を満たすとする. このとき,

$$\int_{\gamma(t)} \frac{dz}{z - z_0} = 0$$

であることを示せ.

解答例　$z_0 = 1$ として証明する．べき級数 $S[z] = \sum_{n=0}^{\infty} z^n$ について，$|z| < 1$ であれば，$S(z) = 1/(1-z)$ であった（例題 9.1（116 ページ））参照）．よって，定理 12.1 より証明できる．(解答終わり)

【例 12.2】(フレネル積分)

$$\int_0^\infty \cos(x^2)\, dx = \int_0^\infty \sin(x^2)\, dx = \frac{\sqrt{\pi}}{2\sqrt{2}} \tag{12.10}$$

となることを示そう．べき級数 $S[z] = \sum_{n=0}^{\infty} (-1)^n z^{2n}/(2^n n!)$ の収束半径は ∞ であり，任意の複素数 z について，$S(z) = \exp(-z^2/2)$ である（補題 9.2（124 ページ）参照）．正数 R について 3 点 $0, R, (1+i)R$ を頂点とする直角三角形の 3 辺を図 12.1 の右図のように $\gamma_1(t), \gamma_2(t), \gamma_3(t)$ で表そう．$\gamma_1(t) = t\ (0 \leq t \leq R),\ \gamma_2(t) = R + it\ (0 \leq t \leq R),\ \gamma_3(t) = (1+i)(R-t)\ (0 \leq t \leq R)$ である．

コーシーの積分定理より，

$$\sum_{j=1}^{3} \int_{\gamma_j(t)} S(z)\, dz = 0$$

である．

$$\int_{\gamma_1(t)} S(z)\, dz = \int_0^R e^{-t^2/2}\, dt = \sqrt{2} \int_0^{\sqrt{2}R} e^{-t^2}\, dt \longrightarrow \sqrt{\frac{\pi}{2}} \quad (R \to \infty),$$

$$\int_{\gamma_3(t)} S(z)\, dz = -\int_0^R \exp(-i(R-t)^2)(1+i)\, dt$$

$$= -(1+i) \int_0^R (\cos(t^2) - i\sin(t^2))\, dt \quad (s = R - t\ で置換積分)$$

$$\longrightarrow -(1+i) \int_0^\infty (\cos(t^2) - i\sin(t^2))\, dt \quad (R \to \infty)$$

12.3　コーシーの積分定理

$\gamma_2(t)$ 上で,

$$\left|\exp\left(-\frac{z^2}{2}\right)\right| = \exp\left(\frac{(-R^2+t^2)}{2} - iR\right)$$
$$= \exp\left(\frac{-R^2+t^2}{2}\right) \leq \exp\left(-\frac{R}{2}(R-t)\right)$$

より,

$$\left|\int_{\gamma_2(t)} S(z)\,dz\right| \leq \int_0^R \exp\left(-\frac{R}{2}(R-t)\right) dt$$
$$= \frac{2}{R}\left[\exp\left(-\frac{R}{2}(R-t)\right)\right]_0^R = \frac{2}{R}(1 - e^{-R^2/2}) \longrightarrow 0 \quad (R \to \infty)$$

を得る. 以上をまとめると,

$$(1+i) \int_0^\infty (\cos(t^2) - i\sin(t^2))\,dt = \sqrt{\frac{\pi}{2}}$$

を得る. 上式の実部と虚部をとると,

$$\int_0^\infty (\cos(t^2) + \sin(t^2))\,dt = \sqrt{\frac{\pi}{2}}, \quad \int_0^\infty (\cos(t^2) - \sin(t^2))\,dt = 0$$

となる.

【例 12.3】 上の積分で $x^2 = t$ とおくと, $dx = dt/2\sqrt{t}$ であるから,

$$\int_0^\infty \frac{\cos t}{\sqrt{t}}\,dt = \int_0^\infty \frac{\sin t}{\sqrt{t}}\,dt = \sqrt{\frac{\pi}{2}} \tag{12.11}$$

を得る.

演習問題

[A]

問題 12.1 $f(z) = -y/(x^2+y^2) + i\,x/(x^2+y^2)$ $(z = x+iy)$, $\gamma(t) = \cos t + i\sin t$ $(0 \le t \le 2\pi)$ とするとき，次を求めよ．

$$\int_{\gamma(t)} f(z)\,dz$$

問題 12.2 $\gamma(t) = \cos t + i\sin t$ $(0 \le t \le 2\pi)$ とするとき，次を求めよ．

$$\int_{\gamma(t)} \frac{\exp z}{z^n}\,dz$$

問題 12.3 $a>0$, $b>0$, $r(t) = a\cos t + ib\sin t$ $(0 \le t \le 2\pi)$ は原点を囲む単純閉曲線だから，$\int_{r(t)} 1/z\,dz = 2\pi i$ である．これを利用して，次を示せ．

$$\int_0^{2\pi} \frac{1}{a^2(\cos\,t)^2 + b^2(\sin\,t)^2}\,dt = \frac{2\pi}{ab}$$

問題 12.4 $f(z) = z$, $\gamma(t) = t + it^2$ $(0 \le t \le 1)$ とするとき，次を求めよ．

$$\int_{\gamma(t)} f(z)\,dz$$

[B]

問題 12.5 $R>0$, $a>0$ に対して，4点 $-R, R, R+ia, -R+ia$ を頂点とする4辺形の辺を，順に $\gamma_1(t), \gamma_2(t), \gamma_3(t), \gamma_4(t)$ とする．これらをつなげた単純閉曲線を $\gamma(t)$ とするとき，$\int_{\gamma(t)} \exp(-z^2)dz = 0$ であることを利用して，次を示せ．

$$\int_{-\infty}^{\infty} e^{-x^2}\cos(2ax)\,dx = \sqrt{\pi}\,e^{-a^2}$$

研究課題 7　複素解析的関数

複素平面の開集合 D 上で与えられた複素数値関数 $f(z)$ が**複素解析的関数**であるとは，任意の $p \in D$ について複素数のべき級数

$$S_p[z] = \sum_{n=0}^{\infty} a_n z^n$$

を適当に選ぶとき，その収束半径が $\rho(S_p) > 0$ となり，かつ p に十分近いすべての複素数 z について，

$$f(z) = S_p(z-p)$$

となることと定義する．このとき，複素数のべき級数 $S_p[z]$ の選び方は 1 通りであることがわかるが，ここでは解説しないことにする．

D 内の単純閉曲線 C に対し，有限個の点 $P_j \in D$ と対応するべき級数 $S_j[z]$ がとれて，点 P_j を中心，半径 $\rho(S_j)/2$ の円達で，C とその内部を覆うことができる．各円の中ではコーシーの積分定理が成り立つので，単純閉曲線 C についても定理が成り立つ．

定理 12.2 (コーシーの積分定理)　　複素平面内の開集合 D 上で与えられた複素解析的関数 $f(z)$ を考える．D 内に含まれる単純閉曲線 C がその内部も D 内にあるとする．このとき，

$$\int_C f(z)\,dz = 0$$

が成り立つ．

第13章 積分の計算

13.1 特別な留数の定理

補題 13.1 a を複素数として，$\gamma(t)$ を複素平面内の単純閉曲線であり，a は $\gamma(t)$ の上に乗っていないとする．任意の整数 $l \geq 1, n \geq 0$ について，$P_n(z) = z^n$ とおくとき，

$$\int_{\gamma(t)} \frac{P_n(z)}{(z-a)^l} \, dz = \begin{cases} 2\pi i \, \dfrac{D^{l-1} P_n(a)}{(l-1)!} & (\gamma(t) \text{ が } a \text{ を内部に含む}) \\ 0 & (\gamma(t) \text{ が } a \text{ を内部に含まない}) \end{cases}$$

となる[1]．ここで，$l-1 \leq n$ のとき，

$$D^{l-1} P_n(a) = \frac{n!}{(n-l+1)!} \, a^{n-l+1}$$

である．

証明 二項展開より，

$$P_n(z) = \bigl((z-a) + a\bigr)^n = \sum_{k=0}^{n} \frac{n!}{k!(n-k)!} \, (z-a)^k \, a^{n-k}$$

---

[1] べき級数 $S[z] = \sum_{n=0}^{\infty} c_n z^n$ に対して，$D^k S[z]$ の定義については定義 9.1（116ページ）を参照．

となる．補題 12.1（166 ページ）と補題 12.2（167 ページ）より，

$$\int_{\gamma(t)} \frac{P_n(z)}{(z-a)^l} dz = \sum_{k=0}^{n} \frac{n!}{k!(n-k)!} \int_{\gamma(t)} \frac{(z-a)^k a^{n-k}}{(z-a)^l} dz$$

$$= \begin{cases} 2\pi i \dfrac{D^{l-1} P_n(a)}{(l-1)!} & (\gamma(t) \text{ が } a \text{ を内部に含む}) \\ 0 & (\gamma(t) \text{ が } a \text{ を内部に含まない}) \end{cases}$$

となる． (証明終わり)

例題 13.1 べき級数 $S[z] = \sum_{n=0}^{\infty} c_n z^n$ の収束半径 ρ は正とし，$D = \{\, z \mid |z| < \rho \,\}$ とおく．$\gamma(t)$ を D 内の単純閉曲線で円 D を左にみるとし，a を $\gamma(t)$ に乗ってない複素数とする．整数 $l \geq 1$ について，

$$\int_{\gamma(t)} \frac{S(z)}{(z-a)^l} dz = \begin{cases} 2\pi i \dfrac{D^{l-1} S(a)}{(l-1)!} & (\gamma(t) \text{ が } a \text{ を内部に含む}) \\ 0 & (\gamma(t) \text{ が } a \text{ を内部に含まない}) \end{cases}$$

となる．

解答例 補題 12.3（169 ページ）と補題 13.1 より，

$$\int_{\gamma(t)} \frac{S(z)}{(z-a)^l} dz = \sum_{n=0}^{\infty} c_n \int_{\gamma(t)} \frac{P_n(z)}{(z-a)^l} dz$$

$$= \begin{cases} \sum_{n=0}^{\infty} c_n \left(2\pi i \dfrac{D^{l-1} P_n(a)}{(l-1)!} \right) & (\gamma(t) \text{ が } a \text{ を内部に含む}) \\ 0 & (\gamma(t) \text{ が } a \text{ を内部に含まない}) \end{cases}$$

となる．ここで，$\sum_{n=0}^{\infty} c_n D^{l-1} P_n(a) = D^{l-1} S(a)$ である．(解答終わり)

定理 13.1（留数の定理） べき級数 $S[z]$ の収束半径 ρ は正とする．$D = \{\, z \mid |z| < \rho \,\}$ とおく．このとき，関数 $S(z)$ は D 上の複素数に値をもつ関数である．さらに，多項式 $P(z) = c(z-a_1)^{l_1}(z-a_2)^{l_2}\cdots(z-a_k)^{l_k}$ を考える．ここで，c は複素数であり，$a_1,\cdots,a_k$ は互いに相異なる複素数とす

る．さらに，D 内の単純閉曲線 $\gamma(t)$ が，どの $a_1, \cdots, a_k$ も通らないとする．$P(z)$ の零点 $a_1, \cdots, a_k$ の内で $a_1, \cdots, a_q$ が $\gamma(t)$ の中にあるとする．もし，$l_1 = 1, \cdots, l_q = 1$ であれば[2]，

$$\frac{1}{2\pi i}\int_{\gamma(t)}\frac{S(z)}{P(z)}\,dz = \sum_{j=1}^{q}\operatorname{Res}\left(\frac{S(z)}{P(z)}; a_j\right) \tag{13.1}$$

となる．ただし，

$$\operatorname{Res}\left(\frac{S(z)}{P(z)}; a_j\right) = \frac{S(a_j)}{D^1 P(a_j)} = \lim_{z\to a_j}\frac{(z-a_j)S(z)}{P(z)}$$

とおき，これを関数 $S(z)/P(z)$ の $z = a_j$ における**留数**とよぶ．

証明 （第1段階）$l_1, \cdots, l_k$ は 0 でない任意の自然数とする．$P_j(z) = P(z)/(z-a_j)^{l_j}$ とおくと，$P_1(z), \cdots, P_k(z)$ は共通零点をもたないから，多項式 $A_1(z), \cdots, A_k(z)$ を適当に選べば，

$$A_1(z)P_1(z) + \cdots + A_k(z)P_k(z) = 1$$

となる[3]．よって，

$$\begin{aligned}\frac{S(z)}{P(z)} &= \frac{A_1(z)P_1(z)S(z)}{P(z)} + \cdots + \frac{A_k(z)P_k(z)S(z)}{P(z)} \\ &= \frac{A_1(z)S(z)}{(z-a_1)^{l_1}} + \cdots + \frac{A_k(z)S(z)}{(z-a_k)^{l_k}}\end{aligned}$$

となるから，例題 13.1 より，

$$\begin{aligned}\int_{\gamma(t)}\frac{S(z)}{P(z)}\,dz &= \sum_{j=1}^{k}\int_{\gamma(t)}\frac{A_j(z)S(z)}{(z-a_j)^{l_j}}\,dz \\ &= 2\pi i\sum_{j=1}^{q}\frac{D^{l_j-1}(A_j S)(a_j)}{(l_j-1)!}\end{aligned}$$

---

[2] l_j を零点 a_j の**位数**という．この条件をつけない一般の場合については研究課題8を参照．
[3] これは代数学のよく知られた事実である．

となる.

(第 2 段階) ここで,条件 $l_1 = 1, \cdots, l_q = 1$ を使う.そうすれば,第 1 段階の結果より,

$$\begin{aligned}\int_{\gamma(t)} \frac{S(z)}{P(z)} \, dz &= 2\pi i \sum_{j=1}^{q} \frac{(D^{l_j - 1}(A_j S))(a_j)}{(l_j - 1)!} \\ &= 2\pi i \sum_{j=1}^{q} A_j(a_j) \, S(a_j)\end{aligned}$$

である.$1 \leq j \neq m \leq q$ であれば,$P_j(a_j) \neq 0$, $P_m(a_j) = 0$ であるから,$A_j(a_j) S(a_j) = S(a_j)/P_j(a_j)$ となる.一方,

$$D^1 P(z) = D^1((z - a_j)P_j(z)) = P_j(z) + (z - a_j)D^1 P_j(z)$$

であるから,$D^1 P(a_j) = P_j(a_j)$ を得る. (証明終わり)

この定理 13.1 の応用範囲は多岐にわたる.次に述べる状況でこれを使うことが多い.

l 本の閉区間 $[0, b_k]$ を定義域とする折れた曲線 $\gamma_k(t)$ ($k = 1, 2 \cdots, l$) が,

$$\gamma_1(b_1) = \gamma_2(0), \cdots, \gamma_{l-1}(b_{l-1}) = \gamma_l(0), \gamma_l(b_l) = \gamma_1(0)$$

を満たすとする.すなわち,l 本の折れた曲線が 1 本につながっている.$b = b_1 + \cdots + b_l$ とおくと,閉区間 $[0, b]$ を定義域とする折れた曲線 $\gamma(t)$ を,

$$\gamma(t) = \gamma_k(t - (b_1 + \cdots + b_{k-1})) \quad (b_1 + \cdots + b_{k-1} \leq t \leq b_1 + \cdots + b_k)$$

と定義できる.このとき,

$$\int_{\gamma(t)} f(z) \, dz = \sum_{k=1}^{l} \int_{\gamma_k(t)} f(z) \, dz$$

となる.以下,この $\gamma(t)$ を $[\gamma_1(t)|\cdots|\gamma_l(t)]$ と表す.

定理 13.2 記号は定理 13.1 の通りとする．さらに，l 本の閉区間 $[0, b_k]$ を定義域とする折れ線 $\gamma_k(t)$ $(k = 1, 2, \cdots, l)$ が $\gamma_1(b_1) = \gamma_2(0), \cdots,$ $\gamma_{l-1}(b_{l-1}) = \gamma_l(0),\ \gamma_l(b_l) = \gamma_1(0)$ を満たし，$\gamma(t) = [\gamma_1(t)|\cdots|\gamma_l(t)]$ が単純閉曲線になるとする．$P(z)$ の零点 $a_1, \cdots, a_k$ の内で $a_1, \cdots, a_q$ が $\gamma(t)$ に含まれるとする．もし $l_1 = 1, \cdots, l_q = 1$ であれば[4]，

$$\frac{1}{2\pi i} \sum_{k=1}^{l} \int_{\gamma_k(t)} \frac{S(z)}{P(z)}\, dz = \sum_{j=1}^{q} \mathrm{Res}\left(\frac{S(z)}{P(z)}; a_j\right) \tag{13.2}$$

となる．

証明 これは定理 13.1 の直接の結果である． （証明終わり）

13.2 いろいろな積分

例題 13.2

$$\int_0^\infty \frac{\sin x}{x}\, dx = \frac{\pi}{2} \tag{13.3}$$

を示せ．

解答例 $S(z) = \exp(iz)$, $P(z) = z$ とおく．任意に小さな正の数 ε と大きな正の数 R を選ぶ．図 13.1 のような線分 $C_1, C_2, C_3, C_4, C_5, C_6$ で囲まれた領域を考える．それぞれの媒介変数表示は次のようにする．

$$
\begin{array}{lll}
C_1 : & \gamma_1(t) = R + it & (0 \le t \le T) \\
C_2 : & \gamma_2(t) = (R - t) + iT & (0 \le t \le 2R) \\
C_3 : & \gamma_3(t) = -R + i(T - t) & (0 \le t \le T) \\
C_4 : & \gamma_4(t) = \varepsilon \exp(i(\pi - t)) & (0 \le t \le \pi) \\
C_5 : & \gamma_5(t) = t + \varepsilon & (0 \le t \le R - \varepsilon) \\
C_6 : & \gamma_6(t) = -R + t & (0 \le t \le R - \varepsilon)
\end{array}
$$

---

[4] この条件をつけない一般の場合については研究課題 8 を参照．

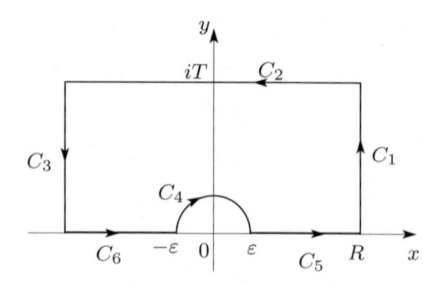

図 13.1

定理 13.1（176 ページ）より，

$$0 = \sum_{k=1}^{6} \int_{\gamma_k(t)} \frac{S(z)}{z} dz = \sum_{k=1}^{4} \int_{\gamma_k(t)} \frac{S(z)}{z} dz + \int_{\varepsilon}^{R} \frac{S(t)}{t} dt + \int_{-R}^{-\varepsilon} \frac{S(t)}{t} dt$$

である．さて，上式の最後の積分において t を $-t$ におきかえて，

$$\int_{\varepsilon}^{R} \frac{S(t)}{t} dt + \int_{-R}^{-\varepsilon} \frac{S(t)}{t} dt = \int_{\varepsilon}^{R} \frac{\exp(it) - \exp(-it)}{t} dt = 2i \int_{\varepsilon}^{R} \frac{\sin t}{t} dt$$

である．$\gamma_1(t)$ 上では，

$$|\int_{\gamma_1(t)} \frac{S(z)}{z} dz| \leq \frac{1}{R} \int_0^T e^{-t} dt \leq \frac{1}{R} \int_0^\infty e^{-t} dt = \frac{1}{R}$$

同様に，

$$|\int_{\gamma_3(t)} \frac{S(z)}{z} dz| \leq \frac{1}{R}, \quad |\int_{\gamma_2(t)} \frac{S(z)}{z} dz| \leq \frac{2R e^{-T}}{T}$$

である．$g(z) = S(z)/z - 1/z$ とおけば，$|z| \leq 1$ である限り，

$$|\int_{\gamma_4(t)} g(z) dz| \leq \int_{\gamma_4(t)} \sum_{n=1}^{\infty} \frac{|iz|^{n-1}}{n!} dz \leq \pi (e^{\varepsilon} - 1)$$

である．また，
$$\int_{\gamma_4(t)} \frac{1}{z}\, dz = \int_\pi^0 i\, dt = -\pi i$$
である．そこで，まず $T \to \infty$ とし，それから $R \to \infty$, $\varepsilon \to 0$ とすると，
$$2i \int_0^\infty \frac{\sin x}{x}\, dx - \pi i = 0$$
となる． (証明終わり)

例題 13.3 2つの文字 x, y の多項式 $A(x,y)$, $B(x,y)$ に対し，
$$\frac{Q(z)}{P(z)} = \frac{1}{iz} \frac{A((z+z^{-1})/2),\, ((z-z^{-1})/2i)}{B((z+z^{-1})/2),\, ((z-z^{-1})/2i)} \qquad (13.4)$$
とする．ただし，$P(z)$, $Q(z)$ は共通の零点をもたないようにする．$P(z)$ が単位円周 $\gamma(t) = \exp(it)$ $(0 \le t \le 2\pi)$ の上で 0 とならず，単位円内の零点 $a_1, \cdots, a_l$ は位数 1 とする．このとき，
$$\int_0^{2\pi} \frac{A(\cos t, \sin t)}{B(\cos t, \sin t)}\, dt = 2\pi i \sum_{j=1}^l \mathrm{Res}\left(\frac{Q(z)}{P(z)}; a_j\right) \qquad (13.5)$$
である．

解答例 $z = \gamma(t) = \exp(it)$ $(0 \le t \le 2\pi)$ であれば，$(z+z^{-1})/2 = \cos t$, $(z-z^{-1})/(2i) = \sin t$, $\gamma^{(1)}(t) dt = iz\, dt$ であるから，
$$\int_0^{2\pi} \frac{A(\cos t, \sin t)}{B(\cos t, \sin t)}\, dt = \int_{\gamma(t)} \frac{Q(z)}{P(z)}\, dz$$
となり，定理 13.1 より証明が終わる．(解答終わり)

【例 13.1】 $a > b > 0$ とする．例題 13.3 において，$A(x,y) = 1$, $B(x,y) = a + by$ とする．このとき，
$$\frac{1}{iz} \frac{A((z+z^{-1})/2),\, ((z-z^{-1})/2i)}{B((z+z^{-1})/2),\, ((z-z^{-1})/2i)} = \frac{1}{iz} \frac{1}{b((z+z^{-1})/2) + a}$$
$$= \frac{-2i}{bz^2 + 2az + b}$$

となる.

$$a_1 = \frac{-a + \sqrt{a^2 - b^2}}{b}, \quad a_2 = \frac{-a - \sqrt{a^2 - b^2}}{b}$$

とおくと, $a_2 < a_1 < 0$, $a_1 a_2 = 1$ であるから, $|a_1| < 1$, $|a_2| > 1$ である.

$$\frac{-2i}{b(z-a_1)(z-a_2)} = \left(\frac{1}{iz}\right)\frac{1}{b((z+z^{-1})/2) + a},$$

$$\operatorname{Res}\left(\frac{-2i}{b(z-a_1)(z-a_2)}; a_1\right) = \frac{-2i}{b(a_1 - a_2)} = \frac{-i}{\sqrt{a^2 - b^2}}$$

であるから, 例題 13.3 により,

$$\int_0^{2\pi} \frac{dt}{a + b\cos t} = 2\pi i \operatorname{Res}\left(\frac{-2i}{b(z-a_1)(z-a_2)}; a_1\right) = \frac{2\pi}{\sqrt{a^2 - b^2}}$$

となる.

【例 13.2】 共通零点をもたない多項式 $P(z)$, $Q(z)$ で定まる分数関数 $F(z) = Q(z)/P(z)$ を考える. $\deg(P)$, $\deg(Q)$ はそれぞれの多項式の次数を表すとし, 次の条件が満たされているとする.

(1) $\deg(Q) + 2 \leq \deg(P)$

(2) $P(z)$ の零点の位数はすべて 1 であり, さらに実数軸上に零点をもたない.

このとき, 上半平面 $\{\,x+iy \mid y > 0\,\}$ にある $P(z)$ の零点を $a_1, \cdots, a_n$ とすれば, 次の等式が成り立つ.

$$\int_{-\infty}^{\infty} \frac{Q(x)}{P(x)}\,dx = 2\pi i \sum_{j=1}^{n} \operatorname{Res}\left(\frac{Q(z)}{P(z)}; a_j\right) \tag{13.6}$$

上記の条件 (1) より, 広義積分

$$\int_{-\infty}^{\infty} \frac{Q(x)}{P(x)}\,dx$$

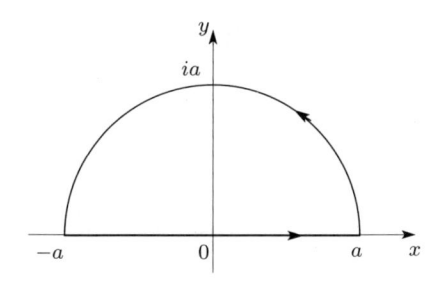

図 13.2

は定義できる．したがって，

$$\int_{-\infty}^{\infty} \frac{Q(x)}{P(x)}\, dx = \lim_{a \to \infty} \int_{-a}^{a} \frac{Q(x)}{P(x)}\, dx$$

である（a は正の実数とする）．線分 $\gamma_1(t) = -a + t$ $(0 \leq t \leq 2a)$ と曲線 $\gamma_2(t) = a \exp(i t)$ $(0 \leq t \leq \pi)$ で囲まれた領域を考える．a が十分大きい限り，$\gamma(t)$ 内にすべての $a_1, \cdots, a_n$ を含む．定理 13.2 より，(13.6) を証明するためには，

$$\lim_{a \to \infty} \int_{\gamma_2(t)} \frac{Q(z)}{P(z)}\, dz = 0 \tag{13.7}$$

が示せればよい．それは，

$$\left| \int_{\gamma_2(t)} \frac{Q(z)}{P(z)}\, dz \right| = \left| \int_0^{\pi} \frac{Q(a \exp(i t))}{P(a \exp(i t))} \exp(i t)\, a\, i\, dt \right|$$
$$\leq \int_0^{\pi} \frac{|Q(a \exp(i t))|}{|P(a \exp(i t))|} a\, dt \leq a\, \pi \max \left\{ \frac{|Q(a \exp(i t))|}{|P(a \exp(i t))|} \right\}$$

において，$a \to \infty$ とすると，条件 (1) よりわかる．

例題 13.4 べき級数 $S[z]$ の収束半径は ∞ とする．多項式 $P(z)$ は実軸上に零点をもたず，すべての零点の位数は 1 とする．さらに，ある正数 M が存在して，$z = x + iy$ が $y \geq 0$ を満たしながら，$|z| \to \infty$ のとき

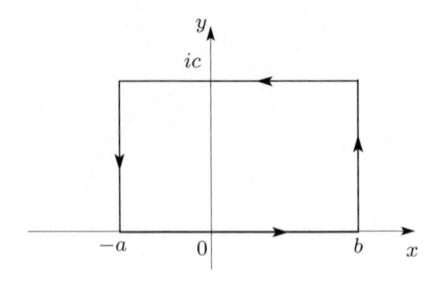

図 **13.3**

$|zS(z)/P(z)| \leq M$ とする．このとき，任意の $s > 0$ について，

$$\int_{-\infty}^{\infty} \frac{S(x)}{P(x)} e^{isx} \, dx = 2\pi i \sum_{j=1}^{n} \mathrm{Res}\left(\frac{T(z)}{P(z)}; a_j\right) \tag{13.8}$$

となる[5]．ただし，$T(z)$ は $T(z) = S(z)\exp(iz)$ なるべき級数で (命題 9.1)，$a_1, \cdots, a_n$ は上半平面にある $P(z)$ の零点である．

解答例　正の実数 a, b, c に対して，$b, b+ci, -a+ci, -a$ を頂点とする 4 辺形を囲む 4 本の線分を

$$\begin{aligned}
\gamma_0(t) &= -a+t & (0 \leq t \leq a+b) \\
\gamma_1(t) &= b+it & (0 \leq t \leq c) \\
\gamma_2(t) &= (b-t)+ic & (0 \leq t \leq a+b) \\
\gamma_3(t) &= -a+i(c-t) & (0 \leq t \leq c)
\end{aligned}$$

とする．

$a, b, c > 0$ を十分大きくとれば，この 4 辺形の内部はすべての零点 $a_1, \cdots, a_n$ を含む．定理 13.2 より，

$$\sum_{k=0}^{3} \int_{\gamma_k(t)} \frac{S(z)}{P(z)} e^{isz} \, dz = 2\pi i \sum_{j=1}^{n} \mathrm{Res}\left(\frac{S(z)}{P(z)} e^{isz}; a_j\right)$$

---

[5] 左辺の s の関数は，関数 $S(x)/P(x)$ の**フーリエ変換**とよばれる．

である．したがって，$\gamma_1(t)$, $\gamma_2(t)$, $\gamma_3(t)$ 上の線積分が a, b, $c \to \infty$ のとき 0 に収束することを示せばよい．仮定から，$y \geq 0$ で $|z| = |x+iy|$ が十分大きなところでは，ある適当な $M > 0$ で，

$$\left|\frac{S(z)}{P(z)}\right| \leq \frac{M}{|z|}$$

となる．

$$\left|\int_{\gamma_1(t)} \frac{S(z)}{P(z)} e^{isz}\, dz\right| \leq M \int_0^c e^{-st} \frac{dt}{|z|} \leq \frac{M}{b} \int_0^c e^{-st}\, dt$$
$$\leq \frac{M}{b} \int_0^\infty e^{-st}\, dt = \frac{M}{bs}$$

である．同様に，

$$\left|\int_{\gamma_3(t)} \frac{S(z)}{P(z)} e^{isz}\, dz\right| \leq \frac{M}{as}$$
$$\left|\int_{\gamma_2(t)} \frac{S(z)}{P(z)} e^{isz}\, dz\right| \leq \frac{M}{c} \int_{-a}^b e^{-cs}\, dt \leq \frac{M(a+b)}{c}$$

である．したがって，まず $c \to \infty$ とすれば，

$$\left|\int_{-a}^b \frac{S(x)}{P(x)} e^{isx}\, dx - 2\pi i \sum_{j=1}^n \mathrm{Res}\left(\frac{S(z)}{P(z)} e^{isz}; a_j\right)\right| \leq \frac{M}{s}\left(\frac{1}{a} + \frac{1}{b}\right)$$

を得る．次に，$a, b \to \infty$ とすればよい．(解答終わり)

【例 13.3】　$S(x) = 1$, $P(z) = 1 + z^2$ のとき，例題 13.4 により，

$$\int_{-\infty}^\infty \frac{e^{itx}}{P(x)}\, dx = 2\pi i \,\mathrm{Res}\left(\frac{e^{itz}}{P(z)}; i\right) = 2\pi i \frac{e^{-t}}{2i} = \frac{\pi}{e^t}$$

を得る．この式の実部をとると，

$$\int_0^\infty \frac{\cos(tx)}{1+x^2}\, dx = \frac{\pi}{2e^t}$$

となる．

演習問題

[A]

問題 13.1 次を計算せよ．
(1) $\displaystyle\int_0^{2\pi} \frac{\sin t}{2+\cos t} dt$
(2) $\displaystyle\int_0^{2\pi} \frac{1}{(a+b\cos t)^2} dt \ (a>b>0)$
(3) $\displaystyle\int_0^\infty \frac{1}{x^4+a^4} dx \ (a>0)$
(4) $\displaystyle\int_0^\infty \frac{1}{x^6+1} dx$
(5) $\displaystyle\int_{-\infty}^\infty \frac{1}{(x^2+1)(2x^2+1)} dx$
(6) $\displaystyle\int_0^\infty \frac{x\sin x}{x^2+a^2} dx \ (a>0)$
(7) $\displaystyle\int_{-\infty}^\infty \frac{\cos\xi x}{(x^2+a^2)(x^2+b^2)} dx \ (a>b>0,\ \xi>0)$

[B]

問題 13.2 $\displaystyle I_n = \int_0^{2\pi} \frac{\cos n\theta}{1-2a\cos\theta+a^2} d\theta = \begin{cases} 2\pi a^n/1-a^2 & (|a|<1) \\ 2\pi/a^n(a^2-1) & (|a|>1) \end{cases}$
(a は実数, $|a|\neq 1$, n は自然数) を示せ．

問題 13.3 $\displaystyle I = \int_0^\infty \frac{x^{m-1}}{1+x^n} dx = \frac{\pi}{n\sin(m\pi/n)}$ (m,n は自然数, $m>n$) を示せ．

問題 13.4 $\displaystyle\int_0^\infty \frac{x^2}{(x^2+a^2)^3} dx \ (a>0)$ を求めよ．

問題 13.5 $\displaystyle\int_{-\infty}^\infty e^{-x^2/2} \cos\xi x\, dx = \sqrt{2\pi} e^{-\xi^2/2} \ (-\infty<\xi<\infty)$ を示せ．

問題 13.6 $\displaystyle\int_{-\infty}^\infty |f(x)|\, dx < \infty$ なる関数 f に対し，関数 $\hat{f}$ を

$$\hat{f}(\xi) = \frac{1}{\sqrt{2\pi}} \int_{-\infty}^\infty f(x) e^{-i\xi x} dx \ (-\infty<\xi<\infty)$$

により定める．$\hat{f} = \mathcal{F}f$ と書き，f のフーリエ変換という．
$f(x) = \dfrac{1}{x^2+1}$ のフーリエ変換を求めよ．

問題 13.7 $\int_{-\infty}^{\infty} |g(\xi)|\, dx < \infty$ なる関数 g に対し，関数 $\mathcal{F}^* g$ を

$$\mathcal{F}^* g(x) = \frac{1}{\sqrt{2\pi}} \int_{-\infty}^{\infty} g(\xi)\, e^{i\xi x} d\xi \quad (-\infty < x < \infty)$$

により定める．$\mathcal{F}^* g$ を g の**共役フーリエ変換**または**逆フーリエ変換**という．$f(x) = e^{-x^2/2}$ に対して，$\mathcal{F}^* \mathcal{F} f = f$ を示せ．

研究課題 8　一般の留数の定理

定理 13.1 と定理 13.2 において，$l_1 = 1, \cdots, l_q = 1$ という条件のもとで説明した．ここでは，この条件をおかない一般の場合を述べよう．

補題 13.2　適当に複素数のべき級数 $R[z] = \sum_{n=0}^{\infty} b_n z^n$ を選べば，
(1) $R[z]$ の収束半径は $\rho^* > 0$ となる．
(2) $|z - a_j| < \min\{|\rho - |a_j|, \rho^*\}$ なる複素数 z について，
$$\frac{S(z)}{P_j(z)} = R(z - a_j) = \sum_{n=0}^{\infty} b_n (z - a_j)^n$$
となる．この $R[z]$ はただ 1 通りに決まる．

証明　命題 9.1（129 ページ）と命題 9.3（136 ページ）による．　　（証明終わり）

定義 13.1
$$\mathrm{Res}\left(\frac{S(z)}{P(z)}; a_j\right) = b_{l_j - 1} \tag{13.9}$$
を，関数 $S(z)/P(z)$ の $z = a_j$ における**留数**とよぶ．

定理 13.3　記号は定理 13.1 の通りとする．零点 $a_1, \cdots, a_k$ のうち，$a_1, \cdots, a_q$ が $\gamma(t)$ の内部にあるとする．このとき，
$$\frac{1}{2\pi i}\int_{\gamma(t)} \frac{S(z)}{P(z)}\,dz = \sum_{j=1}^{q} \mathrm{Res}\left(\frac{S(z)}{P(z)}; a_j\right) \tag{13.10}$$
となる．

証明　留数の定理の証明法を拡張して示せるが，ここでは，コーシーの積分定理（170 ページ）を用いて証明する．補題 13.2 より，
$$\frac{S(z)}{P(z)} = \frac{1}{(z-a_j)^{l_j}}\sum_{n=0}^{\infty} b_n(z-a_j)^n = \sum_{n=-l_j}^{\infty} b_{n+l_j}(z-a_j)^n$$
である．点 a_j のみを囲む単純閉曲線 γ_j に対して，補題 12.3（169 ページ），補題 12.2（167 ページ）より，
$$\frac{1}{2\pi i}\int_{\gamma_j}\frac{S(z)}{P(z)}dz = b_{l_j - 1} = \mathrm{Res}\left(\frac{S(z)}{P(z)}; a_j\right)$$

である．ここで，図 13.4 のように折れ線 c_j, d_j と，上記の γ_j を考えれば，コーシーの積分定理より，

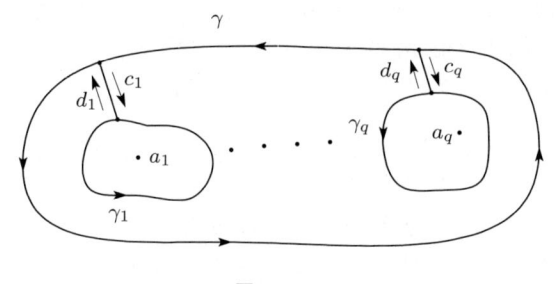

図 13.4

$$\begin{aligned} 0 &= \int_\gamma \frac{S(z)}{P(z)} dz + \sum_{j=1}^q \left(\int_{c_j} \frac{S(z)}{P(z)} dz - \int_{\gamma_j} \frac{S(z)}{P(z)} dz + \int_{d_j} \frac{S(z)}{P(z)} dz \right) \\ &= \int_\gamma \frac{S(z)}{P(z)} dz - \sum_{j=1}^q \int_{\gamma_j} \frac{S(z)}{P(z)} dz \end{aligned}$$

となり，結論を得る． (証明終わり)

研究課題9　フーリエ変換

フーリエ級数では，波数が $n = 0, \pm 1, \pm 2, \cdots$ と離散的であったが，波数が ξ ($-\infty < \xi < \infty$) と連続的なのがフーリエ変換である．

$\int_{-\infty}^{\infty} |f(x)| \, dx < \infty$ なる関数 f に対して，関数 $\hat{f}$ を

$$\hat{f}(\xi) = \frac{1}{\sqrt{2\pi}} \int_{-\infty}^{\infty} f(x) \, e^{-i\xi x} dx \quad (-\infty < \xi < \infty)$$

により定める．$\hat{f} = \mathcal{F}f$ と書き，f の**フーリエ変換**という．

$\int_{-\infty}^{\infty} |g(\xi)| d\xi < \infty$ なる関数 g に対して，関数 $\mathcal{F}^* g$ を

$$\mathcal{F}^* g(x) = \frac{1}{\sqrt{2\pi}} \int_{-\infty}^{\infty} g(\xi) \, e^{i\xi x} d\xi \quad (-\infty < x < \infty)$$

により定める．$\mathcal{F}^* g$ を g の**共役フーリエ変換**，または**逆フーリエ変換**という．

定理 13.4　　(1)　　$\int_{-\infty}^{\infty} |f(x)| \, dx < \infty$, 　$\int_{-\infty}^{\infty} |\hat{f}(\xi)| \, d\xi < \infty$ なら，

$$\mathcal{F}^* \mathcal{F} f = f$$

が成り立つ．

(2)　　$\int_{-\infty}^{\infty} |f(x)| \, dx < \infty$, 　$\int_{-\infty}^{\infty} |f(x)|^2 dx < \infty$ なら，

$$\int_{-\infty}^{\infty} |\mathcal{F}f(x)|^2 dx = \int_{-\infty}^{\infty} |\mathcal{F}^* f(x)|^2 dx = \int_{-\infty}^{\infty} |f(x)|^2 dx$$

が成り立つ．

$\mathcal{F}^* \mathcal{F} f = f$ を書き下すと，

$$f(x) = \frac{1}{\pi} \int_{-\infty}^{\infty} \hat{f}(\xi) e^{i\xi x} \, d\xi$$

となる．これを**フーリエ反転公式**という．これは，波数 ξ の振動 $e^{i\xi x}$ を ξ について重ね合わせることにより f が表せる，ということを意味する．$\hat{f}(\xi)$ は波数 ξ の振動の大きさ (振幅) である．

参考資料（高校で学ぶ事実一覧）

(1) 数列の極限値の性質

$\lim_{n \to \infty} a_n = A$, $\lim_{n \to \infty} b_n = B$ とする．
  (a) $\lim_{n \to \infty} k a_n = kA$ （ただし，k は定数）
  (b) $\lim_{n \to \infty} (a_n + b_n) = A + B$
  (c) $\lim_{n \to \infty} a_n b_n = AB$
  (d) $B \neq 0$ のとき，$\lim_{n \to \infty} \dfrac{a_n}{b_n} = \dfrac{A}{B}$
  (e) すべての n について $a_n \leq b_n$ ならば，$A \leq B$
  (f) すべての n について $a_n \leq c_n \leq b_n$ でかつ $A = B$ ならば，$\lim_{n \to \infty} c_n = A$

(2) 基本的数列の極限値

  (a) $\lim_{n \to \infty} \dfrac{1}{n} = 0$
  (b) $|r| < 1$ のとき，$\lim_{n \to \infty} r^n = 0$

(3) 関数の連続性

関数 $f(x), g(x)$ が定義域の点 $x = a$ で連続ならば，次の各関数もまた，$x = a$ で連続である．
  (a) $h f(x) + k g(x)$ （ただし，h, k は定数）
  (b) $f(x) g(x)$
  (c) $\dfrac{f(x)}{g(x)}$ （ただし，$g(a) \neq 0$）

(4) 中間値の定理

関数 $f(x)$ が閉区間 $[a, b]$ で連続で，$f(a) \neq f(b)$ ならば，$f(a)$ と $f(b)$ の間の任意の値 k について，

$$f(c) = k \quad (a < c < b)$$

を満たす c が少なくとも 1 つある．

(5) 連続関数に関する基本事実

有界な閉区間で連続な関数は，その閉区間で最大値および最小値をとる．

(6) 導関数の公式
  (a) $(f(x)+g(x))' = f'(x) + g'(x)$
  (b) $(a\,f(x))' = a\,f'(x)$ （ただし，a は定数）
  (c) $\{f(x)\,g(x)\}' = f'(x)\,g(x) + f(x)\,g'(x)$
  (d) $\left\{\dfrac{f(x)}{g(x)}\right\}' = \dfrac{f'(x)\,g(x) - f(x)\,g'(x)}{(g(x))^2}$
  (e) $\{f(u(x))\}' = f'(u(x))\,u'(x)$
  (f) $g(x) = f^{-1}(x)$ のとき，$g'(x) = \dfrac{1}{f'(g(x))}$
  (g) p が実数のとき，$(x^p)' = px^{p-1}$

(7) 関数の増減

関数 $f(x)$ が閉区間 $[a,b]$ で連続で，開区間 (a,b) において，
  (a) 常に $f'(x) > 0$ ならば，$f(x)$ は $[a,b]$ で単調に増加する．
  (b) 常に $f'(x) < 0$ ならば，$f(x)$ は $[a,b]$ で単調に減少する．
  (c) 常に $f'(x) = 0$ ならば，$f(x)$ は $[a,b]$ で定数である．

(8) 平均値の定理

関数 $f(x)$ は，閉区間 $[a, a+h]$ で連続，開区間 $(a, a+h)$ で微分可能ならば，次の条件を満たす t が存在する．
$$f(a+h) = f(a) + h\,f'(a+th) \quad (0 < t < 1)$$

(9) 積分法
  (a) $\int f(g(x))\,g'(x)\,dx = \int f(u)\,du$ （ここで，$u = g(x)$）
  (b) $\int f(x)\,g'(x)\,dx = f(x)\,g(x) - \int f'(x)\,g(x)\,dx$
  (c) 閉区間 $[a,b]$ で，常に $f(x) \geq g(x)$ であれば，
$$\int_a^b f(x)\,dx \geq \int_a^b g(x)\,dx$$

演習問題の解答

第 1 章

解答 1.1 $y = \mathrm{Arcsin}(\sin x)$ とおくと，定義より，$-\pi/2 \leq y \leq \pi/2$. $y = x+2n\pi$, または，$\pi - y = x+2n\pi$. すなわち，$y = x+2n\pi$，または，$y = -x+(2n+1)\pi$ (n は整数)．

解答 1.2 省略．

解答 1.3 $a < t < b$ のとき，$f(a) < f(t) < f(b)$ であることを示せばよい．$a < s_1 < s_2 < t$ となる s_1, s_2 をとると，$f(x)$ は (a, b) で単調増加だから，$f(s_1) < f(s_2) < f(t)$. $f(x)$ は $[a, b]$ で連続だから，$s_1 \to a$ とすると，$f(s_1) \to f(a)$ より，$f(a) \leq f(s_2)$. よって，$f(a) < f(t)$. $f(t) < f(b)$ も同様．

解答 1.4 省略．

第 2 章

解答 2.1 $y = \mathrm{Arccos}\, x$ $(-1 < x < 1)$ とすると，$0 < \mathrm{Arccos}\, x < \pi$ より，$0 < \sin(\mathrm{Arccos}\, x)$ だから，$(\mathrm{Arccos}\, x)' = -1/\sin y = -1/\sin(\mathrm{Arccos}\, x) = -1/\sqrt{1-(\cos(\mathrm{Arccos}\, x))^2} = -1/\sqrt{1-x^2}$.

解答 2.2 省略．

解答 2.3 (1) 部分分数展開 $\dfrac{2x-5}{(x+3)(x+1)^2} = \dfrac{a}{x+3} + \dfrac{b}{x+1} + \dfrac{c}{(x+1)^2}$ とすると，$2x-5 = a(x+1)^2 + b(x+3)(x+1) + c(x+3)$. $x = -3, x = -1$ をそれぞれ代入して，$-11 = 4a, -7 = 2c$ を得る．x^2 の係数を比べて $0 = a+b$ を得る．よって，$a = -11/4, b = 11/4, c = -7/2$ となり，$\displaystyle\int \dfrac{2x-5}{(x+3)(x+1)^2} dx = -\dfrac{11}{4}\int \dfrac{1}{x+3}dx + \dfrac{11}{4}\int \dfrac{1}{x+1}dx - \dfrac{7}{2}\int \dfrac{1}{(x+1)^2}dx = \dfrac{11}{4}\log\left|\dfrac{x+1}{x+3}\right| + \dfrac{7}{2}\dfrac{1}{x+1} + C$.

(2) $1+x+x^2+x^3 = (x+1)(x^2+1)$ なので，$\dfrac{x}{1+x+x^2+x^3} = \dfrac{a}{x+1} + \dfrac{bx+c}{x^2+1}$ とすると，$x = a(x^2+1) + (bx+c)(x+1) = (a+b)x^2 + (b+c)x + a+c$ より，$a = -1/2, b = c = 1/2$ を得る．よって，$\displaystyle\int \dfrac{x}{1+x+x^2+x^3}dx =$

$$-\frac{1}{2}\int\frac{dx}{x+1}+\frac{1}{2}\int\frac{x+1}{x^2+1}dx=-\frac{1}{2}\int\frac{dx}{x+1}+\frac{1}{4}\int\frac{2x}{x^2+1}dx+\frac{1}{2}\int\frac{dx}{x^2+1}=$$
$$-\frac{1}{2}\log|x+1|+\frac{1}{4}\log|x^2+1|+\frac{1}{2}\mathrm{Arctan}\,x+C.$$

(3) $t=\tan\frac{x}{2}$ とすると,$\int\frac{\sin x}{1+\cos x+\sin x}dx=\int\frac{2t/(1+t^2)}{1+(1-t^2+2t)/(1+t^2)}$
$\frac{2}{1+t^2}dt=\int\frac{2t}{t^3+t^2+t+1}dt=-\log|t+1|+\frac{1}{2}\log|t^2+1|+\mathrm{Arctan}\,t+C=$
$-\log\left|\tan\frac{x}{2}+1\right|+\frac{1}{2}\log\left|\left(\tan\frac{x}{2}\right)^2+1\right|+\frac{x}{2}+C=-\log\left|\cos\frac{x}{2}+\sin\frac{x}{2}\right|+\frac{x}{2}+C.$

(4) (3) と同様にできるが,別法を示す.$\int\frac{1}{(\sin x)(\cos x)}dx=\int\frac{1}{(\cos x^2)(\tan x)}dx=$
$\log|\tan x|+C.$

(5) $\sqrt{-x^2+3x-2}=\sqrt{-(x-3/2)^2+1/4}$ だから,$x-3/2=(\sin\theta)/2$ ($\sqrt{}$ の中が 0 にならない範囲をとり,$-\pi/2<\theta<\pi/2$ とする) とおくと,$\cos\theta>0$ だから,$\int\frac{1}{\sqrt{-x^2+3x-2}}dx=\int\frac{(\cos\theta)/2}{\sqrt{(1-(\sin\theta)^2)/4}}d\theta=\int d\theta=\theta+C=$
$\mathrm{Arcsin}(2x-3)+C.$

(6) $x=\tan r$ とおき,次に,$r=\tan t/2$ とおけば求まるが,別法を示す.$x=1/t$ とおくと,$\int\frac{1}{x\sqrt{x^2+1}}dx=\int\frac{1}{(1/t)\sqrt{t^{-2}+1}}\frac{-1}{t^2}dt=-\int\frac{1}{\sqrt{t^2+1}}dt=$
$-\log|t+\sqrt{t^2+1}|+C=-\log\left|\frac{1+\sqrt{1+x^2}}{x}\right|+C.$

解答 2.4 省略.

第 3 章

解答 3.1 任意に正数 r を $r<|B|/2,\,2r(|A|+|B|)/|B|^2<\varepsilon$ となるように選ぶ.r に対し,自然数 l_1 と l_2 を適当に選べば,$n\geq l_1$ のとき $|a_n-A|<r$ を満たし,$n\geq l_2$ のとき $|b_n-B|<r$ (特に,$|b_n|\geq|B|-|b_n-B|>|B|-r>|B|/2$) を満たす.そこで,自然数 l を l_1 と l_2 の大きい方とすれば,$n\geq l$ のとき,
$\left|\frac{a_n}{b_n}-\frac{A}{B}\right|=\frac{|a_nB-b_nA|}{|b_nB|}=\frac{|(a_n-A)B+A(b_n-B)|}{|b_nB|}\leq\frac{2r(|A|+|B|)}{|B|^2}<\varepsilon$
を満たす.

解答 3.2 省略.

解答 3.3 任意に正の実数 ε を選ぶ.$\lim_{n\to\infty}a_n=A$ であるから,定義 3.4 に基づき,$\varepsilon/2$ について自然数 L を適当に選べば,$n\geq L$ のとき,対応する a_n が不等式 $|a_n-A|<\varepsilon/2$ を満たす.アルキメデスの原理より,適当に自然数 N を選べば,$2|a_1+\cdots+a_L-LA|/\varepsilon<N$ となる.そこで L と N のいずれか大きい

方を改めて l とおく．そうすれば，$n \geq l$ のとき，$|a_n - A| < \varepsilon/2$ であり，対応する $(a_1 + \cdots + a_n)/n$ が不等式 $\left|\dfrac{a_1 + \cdots + a_n}{n} - A\right| \leq \left|\dfrac{a_1 + \cdots + a_L - LA}{n}\right| + \left|\dfrac{a_{L+1} - A}{n} + \cdots + \dfrac{a_n - A}{n}\right| < \left|\dfrac{a_1 + \cdots + a_L - LA}{n}\right| + \dfrac{n-L}{n}\dfrac{\varepsilon}{2} < \dfrac{\varepsilon}{2} + \dfrac{\varepsilon}{2} = \varepsilon$ を満たす．

解答 3.4 (1)（アルキメデスの原理の証明）任意に正数 x を選び，すべての自然数 n について $n \leq x$ とする．$a_n = n$ としたとき，数列 $\{a_n\}$ に基本事実3.1を適用すれば，これはある実数 A に収束する．さらに $A \leq x$ である．$\varepsilon = 1/2$ について，ある番号 l を選べば，$n \geq l$ のとき，$|n - A| < 1/2$ となる．特に，$|n+1 - A| < 1/2$．これは矛盾．（区間縮小法の原理の証明）任意に自然数 k を選ぶ．仮定より，任意の自然数 n について，$a_n \leq a_{n+1} \leq b_k$ であるから，$M = b_k$ として，任意の自然数 n に対して，基本事実3.1より，$\{a_n\}$ は，ある極限値 $A \leq b_k$ に収束して，$a_n \leq A$ を満たす．$A = \lim_{n\to\infty} a_n$ であるから，A は k の選び方に無関係に定まる．特に，$k = n$ とすれば，$a_n \leq A \leq b_n$ となる．
(2) 基本事実 3.1 の証明と同様．
(3) 省略．

第 4 章

解答 4.1 (1) $\log\left(\dfrac{a_1^x + \cdots + a_n^x}{n}\right)^{1/x} = \dfrac{\log(a_1^x + \cdots + a_n^x) - \log n}{x} = \dfrac{f(x)}{g(x)}$ とおくと，$f(0) = g(0) = 0$, $f^{(1)}(x)/g^{(1)}(x) = \sum_{j=1}^n (\log a_j) a_j^x / \sum_{j=1}^n a_j^x \to \sum_{j=1}^n \log a_j / n$ $(x \to 0)$. よって，$x \to 0$ のとき，$f(x)/g(x) \to \sum_{j=1}^n \log a_j / n$. よって，$x \to 0$ のとき，$\left(\dfrac{a_1^x + \cdots + a_n^x}{n}\right)^{1/x} \to (a_1 \ldots a_n)^{1/n}$.
(2) $f(x) = (1+x)^{1/x} - e$, $g(x) = x$ とおくと，$x \to 0$ のとき，$f(x), g(x) \to 0$. $f^{(1)}(x)/g^{(1)}(x) = \dfrac{-(1+x)\log(1+x) + x}{x^2(1+x)}(1+x)^{1/x} = \dfrac{k(x)}{l(x)}(1+x)^{1/x}$ とおくと，$x \to 0$ のとき，$k(x), l(x) \to 0$, $k'(x) = -\log(1+x) \to 0$, $l'(x) = 3x^2 + 2x \to 0$, $k^{(2)}(x)/l^{(2)}(x) = -1/(1+x)(3x+2) \to -1/2$. よって，$\lim_{x\to 0} f(x)/g(x) = \lim_{x\to 0} f'(x)/g'(x) = \lim_{x\to 0} k(x)/l(x)(1+x)^{1/x} = \lim_{x\to 0}(k(x)/l(x))\lim_{x\to 0}(1+x)^{1/x} = \lim_{x\to 0}(k^{(1)}(x)/l^{(1)}(x))e = \lim_{x\to 0}(k^{(2)}(x)/l^{(2)}(x))e = -e/2$.
(3) $b > a$, $b > 0$ なる b をとると，$x \geq b$ で関数 $f(x) = x^b e^{-x}$ は $f'(x) = x^{b-1}(b-x)e^{-x} \leq 0$ だから，$x \geq b$ で $f(x) \leq f(b)$. よって，$x \geq b$ で $x^a e^{-x} = f(x) x^{a-b} \leq f(b) x^{a-b} \to 0$ $(x \to \infty)$. よって，$\lim_{x\to\infty} x^a e^{-x} = 0$.

演習問題の解答　　195

解答 4.2 省略.

解答 4.3 $F(x) = f(-1/x), G(x) = g(-1/x)$ とおくと，$F(x), G(x)$ は区間 $(-\infty, 0)$ で微分可能で，$\lim_{x \nearrow 0} F(x) = \lim_{x \nearrow 0} f(-1/x) = \lim_{x \to \infty} f(x) = 0$. 同様に，$\lim_{x \nearrow 0} G(x) = 0$. また，$\lim_{x \nearrow 0} F^{(1)}(x)/G^{(1)}(x) = \lim_{x \nearrow 0} (f^{(1)}(-1/x)/x^2)/(g^{(1)}(-1/x)/x^2) = \lim_{x \nearrow 0} (f^{(1)}(-1/x))/(g^{(1)}(-1/x)) = \lim_{x \to \infty} f^{(1)}(x)/g^{(1)}(x) = l$. よって，補題 4.1 より，$l = \lim_{x \nearrow 0} F(x)/G(x) = \lim_{x \to \infty} f(x)/g(x)$.

解答 4.4 $\dfrac{f(u(c+h)) - f(u(c))}{h} = \dfrac{f(u(c+h)) - f(u(c))}{u(c+h) - u(c)} \dfrac{u(c+h) - u(c)}{h}$ において $h \to 0$ とすると，$\dfrac{u(c+h) - u(c)}{h} \to u^{(1)}(c)$ であり，$u(c+h) - u(c) \to 0$ より，$\dfrac{f(u(c+h)) - f(u(c))}{u(c+h) - u(c)} \to f^{(1)}(u(c))$ となる，というのが高校流でわかりやすい説明である．しかし，我々は，数列の収束，関数の極限，関数の連続性，関数の微分可能性を定義し直した．それによれば，$h_n \neq 0, \lim_{n \to \infty} h_n = 0$ であるような数列 $\{h_n\}$ に対して，$\lim_{n \to \infty} \dfrac{f(u(c+h_n)) - f(u(c))}{h_n} = f^{(1)}(u(c))u^{(1)}(c)$ となることを示さねばならない．$\dfrac{f(u(c+h_n)) - f(u(c))}{h_n} = \dfrac{f(u(c+h_n)) - f(u(c))}{u(c+h_n) - u(c)} \dfrac{u(c+h_n) - u(c)}{h_n}$ において，$\lim_{n \to \infty} \dfrac{u(c+h_n) - u(c)}{h_n} = u^{(1)}(c)$ はよい．さらに，$k_n = u(c+h_n) - u(c)$ としたとき，$\lim_{n \to \infty} k_n = 0$ もよい．だから，もし，$k_n \neq 0$ が示せれば，定義より，$\lim_{n \to \infty} \dfrac{f(u(c+h_n)) - f(u(c))}{u(c+h_n) - u(c)} = \lim_{n \to \infty} \dfrac{f(u(c) + k_n) - f(u(c))}{k_n} = f^{(1)}(u(c))$ を得て，証明が完成することになる．ところが，$k_n \neq 0$ は，なかなか示しにくい．そこで，$f(u(c+h_n))$ を $f(u(c)) + f^{(1)}(u(c))u^{(1)}(c)h_n$ で近似し，この近似の誤差項 $R(h_n) = f(u(c+h_n)) - \{f(u(c)) + f^{(1)}(u(c))u^{(1)}(c)h_n\}$（これを剰余項という）を評価して，$\lim_{n \to \infty} R(h_n)/h_n = 0$ を示す，という手順をとることにする．これが示せれば，$0 = \lim_{n \to \infty} R(h_n)/h_n = \lim_{n \to \infty} \{f(u(c+h_n)) - f(u(c))\}/h_n - f^{(1)}(u(c))u^{(1)}(c)$ となり，結論が得られる．（目標）$h_n \neq 0, \lim_{n \to \infty} h_n = 0$ なる数列 $\{h_n\}$ に対し，$f(u(c+h_n)) = f(u(c)) + f^{(1)}(u(c))u^{(1)}(c)h_n + h_n r(h_n)$ とおいたとき，$\lim_{n \to \infty} r(h_n) = 0$ を示す．（第 1 段階）$u(c+h) = u(c) + u^{(1)}(c)h + hp(h), f(u(c) + h) = f(u(c)) + f^{(1)}(u(c))h + hq(h)$ とおくと，$\lim_{n \to \infty} p(h_n) = \lim_{n \to \infty} q(h_n) = 0$ であるから，$p(0) = q(0) = 0$ と定めれば，h についての関数 $p(h), q(h)$ は $h = 0$ および，その周りで連続である．（第 2 段階）$f(u(c+h_n)) = f(u(c) + u^{(1)}(c)h_n + h_n p(h_n)) = f(u(c)) + f^{(1)}(u(c))\{u^{(1)}(c)h_n + h_n p(h_n)\} + \{u^{(1)}(c)h_n + h_n p(h_n)\} q(u^{(1)}(c)h_n + h_n p(h_n))$ だから，$r(h_n) =$

$f^{(1)}(u(c))p(h_n) + \{u^{(1)}(c) + p(h_n)\}q(u^{(1)}(c)h_n + h_np(h_n))$ である. ここで, $\lim_{n\to\infty} p(h_n) = p(0) = 0$ であるから, ある数 $M > 0$ が存在して, すべての n に対して $|u^{(1)}(c) + p(h_n)| \le M$ となる. よって, $\lim_{n\to\infty} |u^{(1)}(c)h_n + h_np(h_n)| \le M \lim_{n\to\infty} |h_n| = 0$ となる. だから, $\lim_{n\to\infty} q(u^{(1)}(c)h_n + h_np(h_n)) = 0$. 以上より, $\lim_{n\to\infty} |r(h_n)| \le |f^{(1)}(u(c))| \lim_{n\to\infty} |p(h_n)| + M \lim_{n\to\infty} |q(u^{(1)}(c)h_n + h_np(h_n))| = 0$ を得る.

第 5 章

解答 5.1 (1) $\int_{\sqrt{3}}^{\infty} \frac{1}{1-x^4} dx = \frac{1}{2}\int_{\sqrt{3}}^{\infty} \left(\frac{1}{1+x^2} + \frac{1}{1-x^2}\right) dx =$
$\frac{1}{2}\lim_{q\to\infty}\left[\text{Arctan}x + \frac{1}{2}\log\left|\frac{1+x}{1-x}\right|\right]_{\sqrt{3}}^{q} = \frac{\pi}{12} - \frac{1}{4}\log\frac{\sqrt{3}+1}{\sqrt{3}-1}$.
(2) $\tan x = t^2$ ($0 < t < \infty$) とすると, $1 + t^4 = (t^2 - \sqrt{2}t + 1)(t^2 + \sqrt{2}t + 1)$ より, $\int_0^{\pi/2} (\tan x)^{1/2} dx = \int_0^{\infty} t \frac{2t}{1+t^4} dt = \frac{1}{2\sqrt{2}} \int_0^{\infty} \left(\frac{2t}{t^2 - \sqrt{2}t + 1} - \frac{2t}{t^2 + \sqrt{2}t + 1}\right) dt = \frac{1}{2\sqrt{2}} \int_0^{\infty} \left(\frac{2t-\sqrt{2}}{t^2-\sqrt{2}t+1} - \frac{2t+\sqrt{2}}{t^2+\sqrt{2}t+1} + \frac{\sqrt{2}}{(t-1/\sqrt{2})^2 + 1/2} + \frac{\sqrt{2}}{(t+1/\sqrt{2})^2 + 1/2}\right) dt = (2\sqrt{2})^{-1} \lim_{q\to\infty} [\log|(t^2-\sqrt{2}t+1)/(t^2+\sqrt{2}t+1)| + \sqrt{2}^2 \text{Arctan}(\sqrt{2}(t-1/\sqrt{2})) + \sqrt{2}^2 \text{Arctan}(\sqrt{2}(t+1/\sqrt{2}))]_0^q = (2\sqrt{2})^{-1}(0 - 0 + 2\cdot(\pi/2) + 2\cdot(\pi/2) - 2\cdot(-\pi/4) - 2\cdot(\pi/4)) = \pi/\sqrt{2}$.
(3) $\int_0^{\infty} \frac{1}{1+x^3} dx = \frac{1}{3}\int_0^{\infty}\left(\frac{-x+2}{x^2-x+1} + \frac{1}{x+1}\right) dx$
$= \frac{1}{6}\int_0^{\infty}\left(-\frac{2x-1}{x^2-x+1} + \frac{3}{(x-1/2)^2 + (\sqrt{3}/2)^2} + \frac{2}{x+1}\right) dx$
$= \frac{1}{6}\lim_{q\to\infty}\left[\log\left|\frac{(x+1)^2}{x^2-x+1}\right| + 3\frac{2}{\sqrt{3}}\text{Arctan}\left(\frac{2}{\sqrt{3}}\left(x-\frac{1}{2}\right)\right)\right]_0^q$
$= \frac{1}{6}\left(0 - 0 + \frac{6}{\sqrt{3}}(\frac{\pi}{2} - (-\frac{\pi}{6}))\right) = \frac{2\pi}{3\sqrt{3}}$. (注意) ばらばらに, $\lim_{q\to\infty}[\log(x+1)^2]_0^q/6 - \lim_{q\to\infty}[\log(x^2-x+1)]_0^q/6$ としてはいけない.
(4) 以後, 表記を簡単にするため, $\lim_{q\to\infty}[g(x)]_0^q$ などを $[g(x)]_0^{\infty}$ と書いたりもする. $I = \int_0^{\infty} e^{-2x}\cos 3x\, dx = -\frac{1}{2}[e^{-2x}\cos 3x]_0^{\infty} - \frac{3}{2}\int_0^{\infty} e^{-2x}\sin 3x\, dx = \frac{1}{2} + \frac{3}{2^2}[e^{-2x}\sin 3x]_0^{\infty} - \frac{3^2}{2^2}\int_0^{\infty} e^{-2x}\cos 3x\, dx = \frac{1}{2} - \left(\frac{3}{2}\right)^2 I$. よって, $\frac{2^2+3^2}{2^2}I = \frac{1}{2}$, $I = \frac{2}{2^2+3^2} = \frac{2}{13}$.

(5) $x = \sin\theta$ $(0 < x < \pi/2)$ とすると, $\cos\theta > 0$ より, $I = \int_0^1 \dfrac{\log x}{\sqrt{1-x^2}} dx = \int_0^{\pi/2} \log(\sin\theta)\, d\theta$. $\theta = \pi - \varphi$ とすると, $I = -\int_\pi^{\pi/2} \log(\sin\varphi)\, d\varphi = \int_{\pi/2}^\pi \log(\sin\varphi) d\varphi$. 次に, $\theta = \pi/2 - \varphi$ とすると, $I = -\int_{\pi/2}^0 \log(\cos\varphi)\, d\varphi = \int_0^{\pi/2} \log(\cos\varphi)\, d\varphi$. よって, $2I = \int_0^{\pi/2} \log(\sin\theta)\, d\theta + \int_{\pi/2}^\pi \log(\sin\theta)\, d\theta = \int_0^\pi \log(\sin\theta)\, d\theta$. ここで, $\theta = 2\varphi$ とすると, $2I = 2\int_0^{\pi/2} \log(\sin 2\varphi)\, d\varphi = 2\left(\dfrac{\pi}{2}\log 2 + \int_0^{\pi/2} \log(\sin\varphi)\, d\varphi + \int_0^{\pi/2} \log(\cos\varphi)\, d\varphi\right) = \pi\log 2 + 4I$. よって, $I = -(\pi/2)\log 2$.

解答 5.2 $f(x) = 1/\sqrt{1+x^3}$ は区間 $[0, \infty)$ で連続だから, ∞ で広義積分可能かどうかを調べればよい. $g(x) = 1/\sqrt{x^3} = x^{-3/2}$, $h(x) = (x^3/(1+x^3))^{1/2}$ とすると, $f(x) = g(x)h(x)$. 例 5.1 より, $g(x) > 0$ は ∞ で広義積分可能. 区間 $(1, \infty)$ で $0 < h(x) < 1$. よって, 命題 5.1 より $f(x)$ は ∞ で広義積分可能.

解答 5.3 (1) $s = 1/(1+t)$ とおくと, $t = (1-s)/s$, $dt/ds = -1/s^2$ より, $\int_0^\infty \dfrac{t^{y-1}}{(1+t)^{x+y}} dt = \int_1^0 \left(\dfrac{1-s}{s}\right)^{y-1} s^{x+y}\left(-\dfrac{1}{s^2}\right) ds = \int_0^1 s^{x-1}(1-s)^{y-1} ds = B(x, y)$.

(2) $s = 1/(1+t^x)$ とおくと, $t = \left(\dfrac{1-s}{s}\right)^{1/x}$, $\dfrac{dt}{ds} = \dfrac{1}{x}\left(\dfrac{1-s}{s}\right)^{1/x-1}\left(-\dfrac{1}{s^2}\right)$ より, $\int_0^\infty \dfrac{t^{y-1}}{1+t^x} dt = \dfrac{1}{x}\int_1^0 \left(\dfrac{1-s}{s}\right)^{(y-1)/x} s \left(\dfrac{1-s}{s}\right)^{1/x-1}\left(-\dfrac{1}{s^2}\right) ds = \dfrac{1}{x}\int_0^1 s^{-y/x}(1-s)^{y/x-1} ds = \dfrac{1}{x}B(1-y/x, y/x)$.

(3) $s = t^z$ とおくと, $t = s^{1/z}$, $dt/ds = s^{1/z-1}/z$ より, (1) を使って, $\int_0^\infty \dfrac{t^{x-1}}{(1+t^z)^y} dt = \int_0^\infty \dfrac{s^{(x-1)/z}}{(1+s)^y}\cdot\dfrac{s^{1/z-1}}{z} ds = \dfrac{1}{z}\int_0^\infty \dfrac{s^{x/z-1}}{(1+s)^y} ds = \dfrac{1}{z}B(y-x/z, x/z)$.

(4) $s = t^z$ とおくと, $t = s^{1/z}$, $dt/ds = s^{1/z-1}/z$ より, $\int_0^1 t^{x-1}(1-t^z)^{y-1} dt = \int_0^1 s^{(x-1)/z}(1-s)^{y-1}\dfrac{1}{z}s^{1/z-1} ds = \dfrac{1}{z}\int_0^1 s^{x/z-1}(1-s)^{y-1} ds = \dfrac{1}{z}B(x/z, y)$.

(5) $s = (t-a)/(b-a)$ とおくと, $t-a = (b-a)s$, $b-t = b-(a+(b-a)s) = (b-a)(1-s)$, $dt/ds = b-a$ より, $\int_a^b (t-a)^{x-1}(b-t)^{y-1} dt = \int_0^1 (b-$

$a)^{x-1+y-1+1}s^{x-1}(1-s)^{y-1}ds = (b-a)^{x+y-1}B(x,y)$.

(6) $s = ((1+a)t)/(t+a)$ とおくと，$t/(t+a) = s/(1+a)$, $(1-t)/(t+a) = (1-s)/a$. $\log s = \log(1+a) + \log t - \log(t+a)$ より，$\dfrac{1}{s}ds = \left(\dfrac{1}{t} - \dfrac{1}{t+a}\right)dt = \dfrac{a}{t(t+a)}dt$, $\dfrac{dt}{ds} = \dfrac{1}{s}\dfrac{t(t+a)}{a} = \dfrac{t+a}{(1+a)t}\dfrac{t(t+a)}{a} = \dfrac{(t+a)^2}{a(1+a)}$. よって，

$\displaystyle\int_0^1 \dfrac{t^{x-1}(1-t)^{y-1}}{(t+a)^{x+y}}dt = \int_0^1\left(\dfrac{t}{t+a}\right)^{x-1}\left(\dfrac{1-t}{t+a}\right)^{y-1}\dfrac{1}{(t+a)^2}dt =$
$\displaystyle\int_0^1\left(\dfrac{s}{1+a}\right)^{x-1}\left(\dfrac{1-s}{a}\right)^{y-1}\dfrac{1}{a(1+a)}ds = \dfrac{1}{a^y(1+a)^x}B(x,y)$.

(7) $u = (\sin t)^2$ とおくと，$2\sin t \cos t\, dt = du$ より，(6) を使って，

$\displaystyle\int_0^{\pi/2}\dfrac{(\cos t)^{2x-1}(\sin t)^{2y-1}}{(a(\cos t)^2+b(\sin t)^2)^{x+y}}dt = \int_0^1 \dfrac{(1-u)^x u^y}{(a+(b-a)u)^{x+y}}\dfrac{1}{2u(1-u)}du$
$= \dfrac{1}{2(b-a)^{x+y}}\displaystyle\int_0^1 \dfrac{u^{y-1}(1-u)^{x-1}}{(u+(a/(b-a)))^{x+y}}du$
$= \dfrac{1}{2(b-a)^{x+y}}\dfrac{1}{(a/(b-a))^x(1+a/(b-a))^y}B(y,x) = \dfrac{1}{2a^x b^y}B(x,y)$.

(8) $s = (t-a)/(b-a)$ とおくと，$t-a = (b-a)s$, $b-t = (b-a)(1-s)$, $dt/ds = b-a$ より，(6) を使って，$\displaystyle\int_a^b \dfrac{(t-a)^{x-1}(b-t)^{y-1}}{(t-c)^{x+y}}dt$
$= \displaystyle\int_0^1 \dfrac{(b-a)^{x-1}s^{x-1}(b-a)^{y-1}}{((b-a)s+(a-c))^{x+y}}(1-s)^{y-1}(b-a)ds$
$= \dfrac{1}{b-a}\displaystyle\int_0^1 \dfrac{s^{x-1}(1-s)^{y-1}}{(s+(a-c)/(b-a))^{x+y}}ds$
$= \dfrac{1}{b-a}\dfrac{1}{((a-c)/(b-a))^y(1+(a-c)/(b-a))^x}B(x,y)$
$= \dfrac{(b-a)^{x+y-1}}{(a-c)^y(b-c)^x}B(x,y)$.

第 6 章

解答 6.1 $f_1(x) = f^{(1)}(0)x + f(0)$ だから，$f^{(1)}(0) = f(0) = 0$ となるようにすればよい．$0 = f(0) = e^0 - b/d = 1 - b/d$ より，$b = d$ を得る．$f^{(1)}(x) = e^x - \{a(cx+d) - (ax+b)c\}/(cx+d)^2$ だから，$0 = f^{(1)}(0) = 1 - (ad-bc)/d^2$ より，$ad - bc = d^2$ を得る．よって，$a - c = b = d$ とすればよい．

解答 6.2 $f(0), f^{(1)}(0), \ldots, f^{(6)}(0)$ を計算してもよいが，ここでは次のようにする．$\sin x = x - \dfrac{x^3}{3!} + \dfrac{x^5}{5!} + o(x^5)$ より，$x\sin x = x^2 - \dfrac{x^4}{3!} + \dfrac{x^6}{5!} + o(x^6)$. $k \geq 4$ のと

き，$(x\sin x)^4 = o(x^6)$ だから，$e^{x\sin x} = 1 + x\sin x + \dfrac{1}{2!}(x\sin x)^2 + \dfrac{1}{3!}(x\sin x)^3 + o(x^6) = 1 + \left(x^2 - \dfrac{x^4}{3!} + \dfrac{x^6}{5!} + o(x^6)\right) + \dfrac{1}{2!}\left(x^2 - \dfrac{x^4}{3!} + \dfrac{x^6}{5!} + o(x^6)\right)^2 + \dfrac{1}{3!}\left(x^2 - \dfrac{x^4}{3!} + \dfrac{x^6}{5!} + o(x^6)\right)^3 + o(x^6) = 1 + \left(x^2 - \dfrac{x^4}{3!} + \dfrac{x^6}{5!} + o(x^6)\right) + \dfrac{1}{2!}\left(x^4 - 2x^2\dfrac{x^4}{3!} + o(x^6)\right) + \dfrac{1}{3!}\left(x^6 + o(x^6)\right) + o(x^6) = 1 + x^2 + \left(-\dfrac{1}{6} + \dfrac{1}{2}\right)x^4 + \left(\dfrac{1}{120} - \dfrac{1}{6} + \dfrac{1}{6}\right)x^6 + o(x^6) = 1 + x^2 + \dfrac{1}{3}x^4 + \dfrac{1}{120}x^6 + o(x^6)$. よって，$f_6(x) = 1 + x^2 + \dfrac{1}{3}x^4 + \dfrac{1}{120}x^6$ を得る．

解答 6.3 (1) $\sqrt{101} = 10\sqrt{1 + 10^{-2}}$ だから，$f(x) = \sqrt{1+x}$ に対し $f(10^{-2})$ の値を小数第 6 位まで求めればよい．$f_2(x) = 1 + \dfrac{1}{2}x - \dfrac{1}{2!}\dfrac{1}{2^2}x^2$, $R_3(x) = \dfrac{1}{3!}\dfrac{3 \cdot 1}{2^3}(1 + \theta x)^{-5/2}x^3$ $(0 < \theta < 1)$ である．よって，$f(10^{-2}) = f_2(10^{-2}) + R_3(10^{-2})$. $f_2(10^{-2}) = 1 + \dfrac{1}{2} \cdot 10^{-2} - \dfrac{1}{8} \cdot (10^{-2})^2 = 1.005 - 0.0000125 = 1.0049875$. $0 < R_3(10^{-3}) = \dfrac{1}{2^4}(1 + \theta \cdot 10^{-2})^{-\frac{5}{2}} \cdot 10^{-10} < \dfrac{1}{2^4}10^{-6} < 0.00000007$. これより，$f(10^{-2}) > f_2(10^{-2}) = 1.0049875$, $f(10^{-2}) < f_2(10^{-2}) + 0.00000007 = 1.00498757$. よって，$1.0049875 < f(10^{-2}) < 1.00498757$. よって，$f(10^{-2})$ の小数第 6 位数の値は 1.004987 であり，$\sqrt{101}$ の小数第 5 位数の値は，10.04987 である．

(2) $f(x) = \sin x$ に対し，$f_3(x) = x - \dfrac{1}{3!}x^3 = x - \dfrac{1}{6}x^3$, $R_4(x) = \dfrac{\sin(\theta x)}{4!}x^4$ $(0 < \theta < 1)$ である．よって，$f_3(10^{-1}) = 10^{-1} - \dfrac{1}{6} \cdot 10^{-3} = 0.1 - (0.0001666\cdots)$, $0 < R_4(10^{-1}) < \dfrac{1}{4!} \cdot 10^{-4} = 0.000004166\cdots$ である．これより，$f(10^{-2}) = f_3(10^{-1}) + R_4(10^{-1}) > f_3(10^{-1}) > 0.1 - 0.000167 = 0.099833$, $f(10^{-2}) = f_3(10^{-1}) + R_4(10^{-1}) < (0.1 - 0.000166) + 0.000005 = 0.099834 + 0.000005$. よって，$0.099833 < f(10^{-2}) < 0.099839$. したがって，$\sin(10^{-1})$ の小数第 5 位までの値は 0.09983 である．

解答 6.4 (1) $0 = f(\alpha) + f'(x_n)(\alpha - x_n) + f''(x_n + \theta(\alpha - x_n))(\alpha - x_n)^2/2$ だから，$x_{n+1} - \alpha = x_n - \alpha - f(x_n)/f'(x_n) = (f'(x_n)(x_n - \alpha) - f(x_n))/f'(x_n) = f''(x_n + \theta(\alpha - x_n))(\alpha - x_n)^2/2f'(x_n)$. よって，$|x_{n+1} - \alpha| \leq (L/2K)|x_n - \alpha|^2$.

(2) 省略．

第 7 章

解答 7.1 (1) $(\cos x)^3 = \dfrac{3}{4}\cos x + \dfrac{1}{4}\cos 3x = \dfrac{3}{4}\sum_{n=0}^{\infty}\dfrac{(-1)^n}{(2n)!}x^{2n} + \dfrac{1}{4}\sum_{n=0}^{\infty}\dfrac{(-1)^n}{(2n)!}(3x)^{2n} = 1 + \sum_{n=1}^{\infty}\dfrac{(-1)^n(3+3^{2n})}{(2n)!4}x^{2n}$.

(2) $\dfrac{1}{x^2+x-2} = -\dfrac{1}{3(x+2)} + \dfrac{1}{3(x-1)} = -\dfrac{1}{6(1+x/2)} - \dfrac{1}{3(1-x)} = -\dfrac{1}{6}\sum_{n=0}^{\infty}(-1)^n\left(\dfrac{x}{2}\right)^n - \dfrac{1}{3}\sum_{n=0}^{\infty}x^n$ ($|x|<1$). よって, $\dfrac{1}{x^2+x-2} = \sum_{n=0}^{\infty}\dfrac{(-1)^{n+1}2^{-n}-2}{6}x^n$ ($|x|<1$).

解答 7.2 省略.

解答 7.3 $(f(x)g(x))^{(n)} = \sum_{k=0}^{n}\binom{n}{k}f(x)^{(k)}g(x)^{(n-k)}$ より, $n!c_n = (fg)^{(n)}(0) = \sum_{k=0}^{n}\binom{n}{k}k!a_k(n-k)!b_{n-k} = \sum_{k=0}^{n}n!a_kb_{n-k} = n!\sum_{k=0}^{n}a_kb_{n-k}$.

解答 7.4 省略.

解答 7.5 $1/(1-x) = \sum_{n=0}^{\infty}x^n$ ($|x|<1$) より, $(1/(1-x))' = 1/(1-x)^2 \simeq \sum_{n=1}^{\infty}nx^{n-1}$. 問題 7.3 より, $x/(1-x)^2 \simeq \sum_{n=1}^{\infty}nx^n$. よって, $(x/(1-x)^2)' = (x+1)/(1-x)^3 \simeq \sum_{n=1}^{\infty}n^2x^{n-1}$. 問題 7.3 より, $(x^2+x)/(1-x)^3 \simeq \sum_{n=1}^{\infty}n^2x^n$.

解答 7.6 省略.

解答 7.7 (1) $(e^{1/x})^{(1)} = -e^{1/x}x^{-2}$ より, $P_1(x) = 1$. 次に, $(e^{1/x}(-1)^nx^{-2n}P_n(x))' = e^{1/x}(-1)^nx^{-2n}(-x^{-2}P_n(x) - 2nx^{-1}P_n(x) + P_n^{(1)}(x)) = e^{1/x}(-1)^{n+1}x^{-2(n+1)}((1+2nx)P_n(x) - x^2P_n^{(1)}(x))$ より, $P_{n+1}(x) = (1+2nx)P_n(x) - x^2P_n^{(1)}(x)$. よって, $n \geq 2$ に対し, $P_n(x)$ が $n-1$ 次多項式であると仮定すれば, $P_{n+1}(x)$ は n 次多項式となる. したがって, 帰納法より結論を得る. (2) $x=0$ のところだけが問題である. $g(x) = e^{1/x}$ とすると, $g^{(1)}(x) = -x^{-2}e^{1/x}$ より, $x>0$ で, $f^{(1)}(x) = x^{-2}e^{-1/x} = -g^{(1)}(-x)$. 一般に, $f^{(n)}(x) = (-1)^ng^{(n)}(-x) = (-1)^ne^{-1/x}(-1)^n(-x)^{-2n}P_n(-x) = e^{-1/x}x^{-2n}P_n(-x)$. よって, $x = 1/t$ とすると, $f^{(n)}(x) = e^{-t}t^{2n}P_n(-1/t)$. ここで, $t^{2n}P_n(-1/t)$ は t の $n+1$ 次多項式である. したがって, 問題 4.1 の (3) より, $\lim_{x\searrow 0}f^{(n)}(x) = \lim_{t\to\infty}e^{-t}t^{2n}P_n(-1/t) = 0$ を得る. 特に, $\lim_{x\searrow 0}f^{(1)}(x) = 0$ であるから, 補題 4.1 より, $\lim_{x\searrow 0}(f(x)-f(0))/x = 0$. また, $\lim_{x\nearrow 0}(f(x)-f(0))/x = 0$ であるから, $f(x)$ は $x=0$ で微分可能で, $f^{(1)}(0) = 0$ である. 次に, $f(x)$ が $x=0$ で $n-1$ 回微分可能で, $f^{(n-1)}(0) = 0$ であると仮定する. $\lim_{x\searrow 0}f^{(n)}(x) = 0$ と補題 4.1 より, $\lim_{x\searrow 0}(f^{(n-1)}(x)-f^{(n-1)}(0))/x = \lim_{x\searrow 0}f^{(n)}(x) = 0$. また, $\lim_{x\nearrow 0}(f^{(n-1)}(x)-f^{(n-1)}(0))/x = 0$ であるから, $f^{(n-1)}(x)$ は $x=0$ で微分可

能. すなわち, $f(x)$ は $x = 0$ で n 回微分可能であり, $f^{(n)}(0) = 0$.

第 8 章

解答 8.1 $R < 1$ のとき, $R < r < 1$ なる r に対し, 自然数 N を適当にとれば, すべての $n \geq N$ に対し, $a_{n+1}/a_n < r$ となる. よって, $n \geq N$ に対し, $a_n \leq a_N r^{n-N}$ となる. よって, $m \geq N$ に対し, $\sum_{n=N}^m a_n \leq \sum_{n=N}^m a_N r^{n-N} = a_N(r^N - r^{m+1})/(1-r) \to a_N r^N/(1-r) \ (m \to \infty)$ となり, $\sum_{n=0}^\infty a_n \leq \sum_{n=0}^{N-1} a_n + a_N r^N/(1-r) < \infty$. $R > 1$ のとき, $R > r > 1$ なる r に対して, 自然数 N を適当にとれば, すべての $n \geq N$ に対し, $a_{n+1}/a_n > r$ となる. よって, $n \geq N$ に対し, $a_n \geq a_N r^{n-N}$ となる. よって, $m \geq N$ に対し, $\sum_{n=N}^m a_n \geq \sum_{n=N}^m a_N r^{n-N} = a_N(r^{m+1} - r^N)/(r-1) \to \infty \ (m \to \infty)$. したがって, $\sum_{n=N}^\infty a_n = \infty$ となり, $\sum_{n=0}^\infty a_n = \sum_{n=0}^{N-1} a_n + \sum_{n=N}^\infty a_n = \infty$.

解答 8.2 省略.

解答 8.3 級数の第 N 項までの部分和を S_N と書く.
(1) $S_N = (1/5) \sum_{n=1}^N (1/n - 1/(n+5)) = (1/5)(\sum_{n=1}^5 1/n - \sum_{n=N+1}^{N+5} 1/n) \to (1/5) \sum_{n=1}^5 1/n \ (N \to \infty)$.
(2) $S_N = \sum_{n=1}^N (1/n! - 1/(n+1)!) = 1 - 1/(N+1)! \to 1 \ (N \to \infty)$.
(3) 関数 $f(x) = 1/x^s$ を考える. $f(x)$ は $x > 0$ で単調減少だから, $n \leq x \leq n+1$ に対して, $f(n+1) \leq f(x) \leq f(n)$. この辺々を x について n から $n+1$ まで積分して, $\dfrac{1}{(n+1)^s} \leq \int_n^{n+1} \dfrac{1}{x^s} dx \leq \dfrac{1}{n^s}$. この辺々を $n = 1$ から N まで加えて, $\sum_{n=1}^N \dfrac{1}{(n+1)^s} \leq \int_1^{N+1} \dfrac{1}{x^s} dx \leq \sum_{n=1}^N \dfrac{1}{n^s}$ を得る. よって, $\sum_{n=1}^\infty \dfrac{1}{(n+1)^s} \leq \int_1^\infty \dfrac{1}{x^s} dx \leq \sum_{n=1}^\infty \dfrac{1}{n^s}$. したがって, $\sum_{n=1}^\infty \dfrac{1}{n^s}$ が収束 $\iff$ 広義積分 $\int_1^\infty \dfrac{1}{x^s} dx$ が収束 $\iff s > 1$.
(4) $a_n = (n/(n+1))^{n^2}$ とおくと, $\sqrt[n]{a_n} = (n/(n+1))^n \to e^{-1} \ (n \to \infty)$ であり, $0 < e^{-1} < 1$ だから, 問題 8.2 より収束.
(5) $a_n = (n!)^2/(2n)!$ とおくと, $a_{n+1}/a_n = ((n+1)!/n!)^2 (2n)!/(2n+2)! = (n+1)^2/(2n+1)(2n+2) \to 1/4 \ (n \to \infty)$ であり, $0 < 1/4 < 1$ だから, 問題 8.1 より収束.

解答 8.4 省略.

解答 8.5 問題 8.3 の (3) の解答における $s = 1$ の場合であるから, 発散する. 別法を示そう. もし, $\lim_{n \to \infty} \sum_{k=1}^n 1/k = a < \infty$ としたら, $\lim_{n \to \infty} \sum_{k=1}^{2n} 1/k = a$

でもある．実際，$\sum_{k=1}^{n} 1/k \leq \sum_{k=1}^{2n} 1/k \leq \lim_{n\to\infty} \sum_{k=1}^{n} 1/k = a$ において $n \to \infty$ とすると，$a \leq \lim_{n\to\infty} \sum_{k=1}^{2n} 1/k \leq a$．一方，$\sum_{k=1}^{2n} 1/k - \sum_{k=1}^{n} 1/k = \sum_{k=n+1}^{2n} 1/k > \sum_{k=n+1}^{2n} 1/2n = 1/2$ において $n \to \infty$ とすると，$0 = a - a \geq 1/2$ となり矛盾する．

解答 8.6 省略．

解答 8.7 定理 8.3 は $m, n > 0$ の場合に述べられているが，$m, n > 1$ の場合でも，まったく同様に成り立つことに注意しよう．$a_{m,n} = 1/(m+n)^s$ とおくと，任意の自然数 N に対し，$\sum_{n=1}^{N}(\sum_{k=1}^{n} a_{k,n-k}) = \sum_{n=1}^{N}(\sum_{k=1}^{n} 1/n^s) = \sum_{n=1}^{N} 1/n^{s-1}$．$N \to \infty$ のとき，これが収束するのは，問題 8.3 の (3) の解答より，$s - 1 > 1$，すなわち，$s > 2$ のときに限る．このとき，定理 8.3 より，$\sum_{m,n=1}^{\infty} 1/(m+n)^s = \sum_{m,n=1}^{\infty} a_{m,n}$ も収束する．

解答 8.8 $a_{m,n} = \binom{m+n}{n} a^m b^n$ とおくと，$k \leq n$ なる自然数 k, n に対し，$a_{k,n-k} = \binom{n}{k} a^k b^{n-k}$ だから，任意の自然数 N に対して，$\sum_{n=0}^{N}(\sum_{k=0}^{n} a_{k,n-k}) = \sum_{n=0}^{N}(\sum_{k=0}^{n} \binom{n}{k} a^k b^{n-k}) = \sum_{n=0}^{N}(a+b)^n = (1-(a+b)^{N+1})/(1-(a+b))$ となる．$N \to \infty$ としたとき，この極限が有限となるのは，$0 \leq a + b < 1$ のときに限り，その極限値は $1/(1-(a+b))$ である．このとき，定理 8.3 より，$\sum_{m,n=0}^{\infty} \binom{m+n}{m} a^m b^n = \sum_{m,n=0}^{\infty} a_{m,n}$ も同じ極限値に収束する．

第 9 章

解答 9.1 $n^2/(n+1)^2 \to 1$ $(n \to \infty)$ であるから，ダランベールの公式より収束半径は 1．問題 7.5 の解答で，$(x^2+x)/(1-x)^3 \simeq \sum_{n=1}^{\infty} n^2 x^n$ を示してあるから，$(-1, 1)$ で $(x^2+x)/(1-x)^3 = \sum_{n=1}^{\infty} n^2 x^n$．

解答 9.2 省略．

解答 9.3 $b_n = a_n r^n$ とし，$\sum_{n=0}^{\infty} b_n$ を考える．$\lim_{n\to\infty} |b_{n+1}/b_n| = R$ とすると，問題 8.1 より，$\sum_{n=0}^{\infty} b_n$ は $R < 1$ のとき絶対収束し，$R > 1$ のとき絶対収束しない．一方，$R = |r| \lim_{n\to\infty} |a_{n+1}/a_n| = |r|/\rho$ なので，$\sum_{n=0}^{\infty} a_n r^n$ は $|r| < \rho$ のとき絶対収束し，$|r| > \rho$ のとき絶対収束しない．

解答 9.4 省略．

解答 9.5 (1) f は偶関数だから，$b_n = 0$ $(n = 1, 2, 3, \cdots)$，$a_0 = \dfrac{2}{\pi} \int_0^{\pi} x^2 dx = \dfrac{2}{3}\pi^2$，$a_n = \dfrac{2}{\pi} \int_0^{\pi} x^2 \cos nx \, dx = 4(-1)^n/n^2$．よって，$S[f](x) = \pi^2/3 + 4\sum_{n=1}^{\infty} ((-1)^n/n^2) \cos nx$．
(2) f は $x = 0$ で連続なので，$0 = \pi^2/3 + 4\sum_{n=1}^{\infty} (-1)^n/n^2$．

(3) パーセヴァルの等式を使う．$\dfrac{1}{\pi}\displaystyle\int_{-\pi}^{\pi} x^4 dx = \dfrac{2}{5}\pi^4 = \dfrac{1}{2}\left(\dfrac{2\pi^2}{3}\right)^2 + 16\sum_{n=1}^{\infty}\dfrac{1}{n^4}$ より，$\sum_{n=1}^{\infty} 1/n^4 = \pi^4/90$．

第 10 章

解答 10.1 ダランベールの公式より，$\rho = \lim_{n\to\infty}|-(n+2)/(n+1)| = 1$．定理 10.3 より，$|x| < 1$ に対して，$DS(x) = \sum_{n=0}^{\infty}(-1)^n x^n = 1/(1+x)$ であるから，$\log(1+x) = \int_0^x 1/(1+x)dx = IDS(x) = \sum_{n=0}^{\infty}(-1)^n x^{n+1}/(n+1)$．

解答 10.2 省略．

第 11 章

解答 11.1 (1) $f(x) = \sum_{n=0}^{\infty} a_n x^n$ とおくと，$x^2 + x = \sum_{n=1}^{\infty} n a_n x^n + \sum_{n=0}^{\infty}(n+1)a_{n+1}x^n - \sum_{n=0}^{\infty} a_n x^n = (a_1 - a_0) + (a_1 + 2a_2 - a_1)x + (2a_2 + 3a_3 - a_2)x^2 + \sum_{n=3}^{\infty}((n-1)a_n + (n+1)a_{n+1})x^n$ より，$a_1 = a_0, a_2 = 1/2, a_3 = 1/(3\cdot 2), a_{n+1} = -(n-1)a_n/(n+1)$ $(n \geq 3)$．$n \geq 3$ で，$a_{n+1} = (-1)^{n-2}\dfrac{n-1}{n+1}\dfrac{n-2}{n}\dfrac{n-3}{n-1}\cdots\dfrac{2}{4}a_3 = (-1)^{n-2}\dfrac{3\cdot 2}{(n+1)n}\cdot\dfrac{1}{2\cdot 3} = (-1)^{n-2}\left(\dfrac{1}{n} - \dfrac{1}{n+1}\right) = \dfrac{(-1)^{n+1}}{n+1} + \dfrac{(-1)^n}{n}$．これは，$n=2$ でも成立．よって，$f(x) = a_0(1+x) + x^2/2 + \sum_{n=3}^{\infty}((-1)^{n-1}/(n-1) + (-1)^n/n)x^n = a_0(1+x) + \sum_{n=2}^{\infty}((-1)^n/n)x^n + x\sum_{n=3}^{\infty}((-1)^{n-1}/(n-1))x^{n-1} = (1+x)\{a_0 + (x - x + \sum_{n=2}^{\infty}((-1)^n/n)x^n)\} = (1+x)\left\{a_0 + \left(x - \sum_{n=0}^{\infty}\dfrac{(-1)^{n+1}}{n+1}x^{n+1}\right)\right\} = (1+x)(a_0 + x - \log(1+x))$．

(2) 省略．

(3) $x/(1-x^2), 1/(1-x^2)$ は $x=0$ で実解析的．$f(x) = \sum_{n=0}^{\infty} a_n x^n$ とおくと，$0 = \sum_{n=0}^{\infty}(n+2)(n+1)a_{n+2}x^n - \sum_{n=2}^{\infty} n(n-1)a_n x^n - 2\sum_{n=1}^{\infty} n a_n x^n + \alpha(\alpha+1)\sum_{n=0}^{\infty} a_n x^n$ より，$0 = 2a_2 + \alpha(\alpha+1)a_0$，$0 = 3\cdot 2 a_3 - 2a_1 + \alpha(\alpha+1)a_1$，$0 = (n+2)(n+1)a_{n+2} + \{-n(n-1) - 2n + \alpha(\alpha+1)\}a_n = (n+2)(n+1)a_{n+2} + (\alpha+n+1)(\alpha-n)a_n$ $(n \geq 2)$．よって，$a_{2m} = -((\alpha+2m-1)(\alpha-2m+2)/2m(2m-1))a_{2m-2} = ((-1)^m/(2m)!)(\alpha+2m-1)(\alpha+2m-3)\cdots(\alpha+1)\alpha(\alpha-2)\cdots(\alpha-2m+2)a_0$ $(m \geq 1)$，$a_{2m+1} = -((\alpha+2m)(\alpha-2m+1)/(2m+1)2m)a_{2m-1} = ((-1)^m/(2m+1)!)(\alpha+2m)(\alpha+2m-2)\cdots(\alpha+2)(\alpha-1)(\alpha-3)\cdots(\alpha-2m+1)a_1$ $(m \geq 1)$．よって，$\varphi_0(x) = a_0 + \sum_{m=1}^{\infty} a_{2m}x^{2m}$，$\varphi_1(x) = a_1 x + \sum_{m=1}^{\infty} a_{2m+1}x^{2m+1}$ とおくと，$f(x) = \varphi_0(x) + \varphi_1(x)$．

(4) 省略.

解答 11.2 $pf(x) + qg(x) = 0$ $(a < x < b)$ なら, $pf^{(1)}(x) + qg^{(1)}(x) = 0$ $(a < x < b)$. この 2 つの方程式が $(p, q) \neq (0, 0)$ なる解をもつための必要十分条件は, $0 = f(x)g^{(1)}(x) - f^{(1)}(x)g(x)$ である.

解答 11.3 (1) $1/(\sum_{n=1}^{\infty} x^{n-1}/n!) = x/(\sum_{n=1}^{\infty} x^n/n!) = x/(e^x - 1)$ である. よって, $f(x)$ は $x = 0$ で実解析的である.

(2) $f(x) = \sum_{n=0}^{\infty} b_n x^n/n!$ とおくと, $x = (e^x - 1) \sum_{n=0}^{\infty} \left(\dfrac{b_n}{n!} x^n \right) =$
$\left(\sum_{n=1}^{\infty} \dfrac{x^n}{n!} \right) \left(\sum_{n=0}^{\infty} \dfrac{b_n}{n!} x^n \right) = b_0 x + \sum_{n=2}^{\infty} \left(\sum_{k=1}^{n} \dfrac{x^k}{k!} \dfrac{b_{n-k}}{(n-k)!} x^{n-k} \right) = b_0 x +$
$\sum_{n=2}^{\infty} \left(\sum_{k=1}^{n} \dfrac{b_{n-k}}{k!(n-k)!} \right) x^n = b_0 x + \sum_{n=2}^{\infty} \left(\sum_{l=0}^{n-1} \dfrac{b_l}{(n-l)! \, l!} \right) x^n$. よって, $1 = b_0$, $0 = \sum_{l=0}^{n-1} \dfrac{b_l}{(n-l)! \, l!}$ $(n \geq 2)$. $n = 2$ として, $0 = b_0/2 + b_1$ より, $b_1 = -1/2$. よって,
$1 + \sum_{n=2}^{\infty} \dfrac{b_n}{n!} x^n = \left(1 - \dfrac{1}{2} x + \sum_{n=2}^{\infty} \dfrac{b_n}{n!} x^n \right) + \dfrac{1}{2} x = \left(b_0 + b_1 x + \sum_{n=2}^{\infty} \dfrac{b_n}{n!} x^n \right) + \dfrac{1}{2} x =$
$\dfrac{x}{e^x - 1} + \dfrac{1}{2} x = \dfrac{x}{2} \left(\dfrac{2}{e^x - 1} + 1 \right) = \dfrac{x}{2} \dfrac{e^x + 1}{e^x - 1}$ となるが, これは偶関数だから, $b_{2n+1} = 0$.

(3) ある正数 r に対して, $|z| < r$ のとき, べき級数 $\sum_{n=0}^{\infty} b_n z^n/n!$ は収束する.

(2) より, $\dfrac{x}{\tan x} = x \dfrac{\cos x}{\sin x} = x \dfrac{(e^{ix} + e^{-ix})/2}{(e^{ix} - e^{-ix})/(2i)} = xi \dfrac{e^{ix} + e^{-ix}}{e^{ix} - e^{-ix}} =$
$xi \left(1 + \dfrac{2e^{-ix}}{e^{ix} - e^{-ix}} \right) = ix + \dfrac{2ix}{e^{2ix} - 1} = ix + \sum_{n=0}^{\infty} b_n (2ix)^n/n! = ix +$
$\left(1 - \dfrac{1}{2}(2ix) + \sum_{n=1}^{\infty} \dfrac{b_{2n}(2ix)^{2n}}{(2n)!} \right) = 1 + \sum_{n=1}^{\infty} \dfrac{(-1)^n 2^{2n} b_{2n} x^{2n}}{(2n)!} = 1 - \sum_{n=1}^{\infty} \dfrac{(-1)^{n-1} 2^{2n} b_{2n} x^{2n}}{(2n)!}$.

(4) (3) より, $x \tan x = \dfrac{x}{\tan x} - \dfrac{2x}{\tan 2x} = \left(1 - \sum_{n=1}^{\infty} \dfrac{2^{2n}(-1)^{n-1} b_{2n}}{(2n)!} x^{2n} \right) - \left(1 - \sum_{n=1}^{\infty} \dfrac{2^{2n}(-1)^{n-1} b_{2n}}{(2n)!} (2x)^{2n} \right) = \sum_{n=1}^{\infty} \dfrac{2^{2n}(-1)^{n-1} b_{2n}(2^{2n} - 1)}{(2n)!} x^{2n}$.

第 12 章

解答 12.1 $\int_{\gamma(t)} f(z)dz = \int_0^{2\pi} (-\sin t + i\cos t)(-\sin t + i\cos t)dt =$
$-\int_0^{2\pi} (\cos 2t + i\sin 2t)dt = 0.$

解答 12.2 省略.

解答 12.3 $\int_{\gamma(t)} \frac{1}{z} dz = \int_0^{2\pi} \frac{-a\sin t + ib\cos t}{a\cos t + ib\sin t} dt$
$= \int_0^{2\pi} \frac{(-a\sin t + ib\cos t)(a\cos t - ib\sin t)}{(a\cos t + ib\sin t)(a\cos t - ib\sin t)} dt = \int_0^{2\pi} \frac{(-a^2 + b^2)\sin t\cos t}{a^2(\cos t)^2 + b^2(\sin t)^2} dt +$
$i\, a\, b \int_0^{2\pi} \frac{1}{a^2(\cos t)^2 + b^2(\sin t)^2} dt.$

解答 12.4 省略.

解答 12.5 $\gamma_1(t) = t \ (-R \leq t \leq R), \gamma_2(t) = R + it \ (0 \leq t \leq a), \gamma_3(t) = -t + ia \ (-R \leq t \leq R), \gamma_4(t) = -R + i(a - t) \ (0 \leq t \leq a)$ とすると,
$0 = \int_{\gamma(t)} \exp(-z^2)\, dz = \sum_{j=1}^{4} \int_{\gamma_j(t)} \exp(-z^2)\, dz. \left|\int_{\gamma_2(t)} \exp(-z^2)\, dz\right| =$
$\left|\int_0^a \exp(-(R+it)^2)i\, dt\right| \leq \int_0^a \exp(-R^2 + t^2)\, dt = e^{-R^2} \int_0^a e^{t^2}\, dt \to 0$
$(R \to \infty).$ 同様に, $\left|\int_{\gamma_4(t)} \exp(-z^2)dz\right| \to 0 \ (R \to \infty). \int_{\gamma_1(t)} \exp(-z^2)\, dz =$
$\int_{-R}^{R} e^{-t^2}\, dt \to \int_{-\infty}^{\infty} e^{-t^2}\, dt \ (R \to \infty).$ この値は $\sqrt{\pi}$ であった. 最後に,
$\int_{\gamma_3(t)} \exp(-z^2)\, dz = \int_{-R}^{R} \exp(-(-t + ia)^2)(-1)\, dt = -\int_{-R}^{R} \exp((a^2 - t^2) +$
$2iat)\, dt = -e^{a^2} \int_{-R}^{R} e^{-t^2}(\cos 2at + i\sin 2at)\, dt \to -e^{a^2} \int_{-\infty}^{\infty} e^{-t^2}(\cos 2at +$
$i\sin 2at)\, dt \ (R \to \infty).$ 以上から, $\sqrt{\pi} - e^{a^2} \int_{-\infty}^{\infty} e^{-t^2}(\cos 2at + i\sin 2at)\, dt = 0$
となり, 結論を得る.

第 13 章

解答 13.1 (1) 例題 13.3 の方法を使う. $z = \gamma(t) = \exp(it) \ (0 \leq t \leq 2\pi)$ に対して, $I = \int_0^{2\pi} \frac{\sin t}{2 + \cos t} dt = \int_{\gamma(t)} \frac{(z - z^{-1})/(2i)}{2 + (z + z^{-1})/2} \frac{1}{iz} dz = \int_{\gamma(t)} f(z)dz.\ f(z) =$

$$\frac{1-z^2}{z(z-(-2+\sqrt{3}))(z-(-2-\sqrt{3}))}.$$ $f(z)$ の分母の零点のうち単位円内にあるのは, $z=0, -2+\sqrt{3}$. よって, $I = 2\pi i\{\text{Res}(f(z); 0) + \text{Res}(f(z); -2+\sqrt{3})\} =$
$2\pi i \left\{ \dfrac{1-0^2}{(0-(-2+\sqrt{3}))(0-(-2-\sqrt{3}))} + \dfrac{1-(-2+\sqrt{3})^2}{(-2+\sqrt{3})((-2+\sqrt{3})-(-2-\sqrt{3}))} \right\}$
$= 2\pi i\{1-1\} = 0$.

(2) $2\pi a/(a^2-b^2)^{3/2}$.

(3) 例 13.2 の方法. $1/(x^4+a^4)$ について, $\deg(1)+2 = 3 \leq 4 = \deg(z^4+a^4)$. $z^4 + a^4 = 0$ の 4 つの解 $a\exp(\pi i/4), a\exp(3\pi i/4), a\exp(5\pi i/4), a\exp(7\pi i/4)$ は実数でなく単根である. このうち上半平面にあるのは, $a\exp(\pi i/4), a\exp(3\pi i/4)$.
よって, $I = \displaystyle\int_{-\infty}^{\infty} \dfrac{1}{x^4+a^4} dx =$
$2\pi i \left\{ \text{Res}\left(\dfrac{1}{z^4+a^4}; a\exp\dfrac{\pi i}{4} \right) + \text{Res}\left(\dfrac{1}{z^4+a^4}; a\exp\dfrac{3\pi i}{4} \right) \right\}$. ド・ロピタルの法則より, $\text{Res}\left(\dfrac{1}{z^4+a^4}; a\exp\dfrac{\pi i}{4} \right) = \displaystyle\lim_{z \to a\exp(\pi i/4)} \dfrac{z-a\exp\pi i/4}{z^4+a^4} = \lim_{z \to a\exp(\pi i/4)} \dfrac{1}{4z^3}$
$= \dfrac{1}{4a^3\exp(3\pi i/4)}$. 同様に, $\text{Res}\left(\dfrac{1}{z^4+a^4}; a\exp\dfrac{3\pi i}{4} \right) = \dfrac{1}{4a^3\exp(9\pi i/4)}$. よって, $\displaystyle\int_0^{\infty} \dfrac{1}{x^4+a^4} dx = \dfrac{1}{2}I = \dfrac{2\pi i}{8a^3}\left(\exp\dfrac{-3\pi i}{4} + \exp\dfrac{-9\pi i}{4} \right) = \dfrac{\pi}{2\sqrt{2}a^3}$.

(4) $\pi/3$.

(5) 例 13.2 の方法を使う. $(z^2+1)(2z^2+1) = 0$ の解のうち, 上半平面にあるのは, $i, 1/\sqrt{2}$ でどちらも 1 位. よって, $f(z) = ((z^2+1)(2z^2+1))^{-1}$ とおくと, $\displaystyle\int_{-\infty}^{\infty} \dfrac{1}{(x^2+1)(2x^2+1)} dx = 2\pi i\{\text{Res}(f(z);i) + \text{Res}(f(z); i/\sqrt{2})\} = \pi(\sqrt{2}-1)$.

(6) 例題 13.4 の方法を使う. $\pi e^{-a}/2$.

(7) 例題 13.4 の方法を使う. $f(z) = \dfrac{\exp(i\xi z)}{(z^2+a^2)(z^2+b^2)}$ とする. $z = x + iy$ が $y \geq 0$ を満たしながら $|z| \to \infty$ となるとき, $|zf(z)| =$
$\left| \dfrac{z\exp(i\xi z)}{(z^2+a^2)(z^2+b^2)} \right| = \left| \dfrac{z\exp(i\xi x - \xi y)}{(z^2+a^2)(z^2+b^2)} \right| = \left| \dfrac{ze^{-\xi y}}{(z^2+a^2)(z^2+b^2)} \right| \to 0$.
$(z^2+a^2)(z^2+b^2) = 0$ の解は $\pm ai, \pm bi$ で実数でない. このうち, 上半平面にあるのは ai, bi. よって, $\displaystyle\int_{-\infty}^{+\infty} f(x)dx = 2\pi i\{\text{Res}(f(z);ai) + \text{Res}(f(z);bi)\} =$
$2\pi i \left\{ \dfrac{e^{-\xi a}}{2ai(-a^2+b^2)} + \dfrac{e^{-\xi b}}{(-b^2+a^2)2bi} \right\} = \dfrac{\pi(be^{-a\xi} - ae^{-b\xi})}{ab(b^2-a^2)}$.

解答 13.2 $|t| < 1$ に対して，$K = \int_0^{2\pi} \dfrac{1}{(1 - t\exp(i\theta))(1 - 2a\cos\theta + a^2)}d\theta$ とおく．単位円 C に対して，例題 13.3 より，$K = \displaystyle\int_C \dfrac{1}{iz(1-tz)(1-a(z+1/z)+a^2)}dz$
$= \displaystyle\int_C \dfrac{1}{i(1-tz)(-az^2+(a^2+1)z-a)}dz = \int_C \dfrac{i}{(1-tz)(az-1)(z-a)}dz.$ まず，$|a|<1$ のときを考える．このとき，$P(z) = (1-tz)(az-1)(z-a)$ の単位円内の零点は a のみ．だから，$K = 2\pi i \operatorname{Res}(i/p(z); a) = -2\pi/(1-ta)(a^2-1) = (2\pi/(1-a^2))\sum_{n=0}^{\infty} a^n t^n$．これは $|at| < 1$ で絶対収束している．一方，$K = \displaystyle\int_0^{2\pi} \dfrac{\sum_{n=0}^{\infty} t^n \exp(in\theta)}{1-2a\cos\theta+a^2}d\theta$ に対して補題 12.3 を使うと，$K = \sum_{n=0}^{\infty} K_n t^n$．ただし，$K_n = \displaystyle\int_0^{2\pi} \dfrac{\exp(in\theta)}{1-2a\cos\theta+a^2}d\theta$．以上より，$K_n = I_n = 2\pi a^n/(1-a^2)$．次に，$|a| > 1$ のときには $|1/a| < 1$ だから，$I_n = \dfrac{1}{a^2}\displaystyle\int_0^{2\pi}\dfrac{\cos n\theta}{(1/a)^2 - (2/a)\cos\theta + 1}d\theta = \dfrac{1}{a^2}\cdot\dfrac{2\pi(1/a)^n}{1-(1/a)^2} = \dfrac{2\pi}{a^n(a^2-1)}.$

解答 13.3 $\gamma_1(t) = t\ (0 \leq t \leq R), \gamma_2(t) = R\exp(it)\ (0 \leq t \leq 2\pi/n), \gamma_3(t) = (R-t)\exp(2\pi i/n)\ (0 \leq t \leq R)$ をつなげた扇形 Γ を考える．$1+z^n = 1-(\exp(-\pi i/n)\cdot z)^n = (1-\exp(-\pi i/n)\cdot z)(1+(\exp(-\pi i/n)\cdot z)+\cdots+(\exp(\pi i/n)\cdot z)^{n-1}) = -\exp(-\pi i/n)(z - \exp(\pi i/n))(1+\cdots+(\exp(-\pi i/n)\cdot z)^{n-1})$．ここで，$1+z^n$ の Γ の内部にある零点は $\exp(\pi i/n)$．よって，
$\displaystyle\int_\Gamma \dfrac{z^{m-1}}{1+z^n}dz = 2\pi i \operatorname{Res}\left(\dfrac{z^{m-1}}{1+z^n};\exp\left(\dfrac{\pi i}{n}\right)\right) =$
$\dfrac{2\pi i \exp((m-1)\pi i/n)}{-\exp(-\pi i/n)\{1+\cdots+(\exp(-\pi i/n)\cdot\exp(\pi i/n))^{n-1}\}} = -\dfrac{2\pi i \exp(m\pi i/n)}{n}.$
さて，$n - (m-1) > 1$ より，$\displaystyle\int_{\gamma_1(t)} \dfrac{z^{m-1}}{1+z^n}dz = \int_0^R \dfrac{x^{m-1}}{1+x^n}dx \to \int_0^\infty \dfrac{x^{m-1}}{1+x^n}dx\ (R\to\infty)$．次に，例 13.2 と同様に，$\displaystyle\int_{\gamma_2(t)}\dfrac{z^{m-1}}{1+z^n}dz \to 0\ (R\to\infty)$．最後に，$\displaystyle\int_{\gamma_3(t)}\dfrac{z^{m-1}}{1+z^n}dz = \int_R^0 \dfrac{(r\exp(2\pi i/n))^{m-1}}{1+(r\exp(2\pi i/n))^n}\exp(2\pi i/n)dr = \int_R^0 \dfrac{r^{m-1}\exp(2m\pi i/n)}{1+r^n}dr = -\exp(2m\pi i/n)\int_0^R \dfrac{r^{m-1}}{1+r^n}dr \to -\exp(2m\pi i/n)\int_0^\infty \dfrac{r^{m-1}}{1+r^n}dr\ (R\to\infty)$．以上より，$(1-\exp(2m\pi i/n))I = -2\pi i\exp(m\pi i/n)/n$．よって，$I = \pi/(n\sin(m\pi/n))$．

解答 13.4 定理 13.3 を使う．$\pi/16a^3$．

解答 13.5 $\xi > 0$ のとき, $e^{-z^2/2}$ を $x = \pm R\ (R > 0)$, $y = 0$, $y = \xi$ で作る長方形の周 γ の上で反時計回りに線積分して, $0 = \int_\gamma e^{-z^2/2} dz = \int_{-R}^{R} e^{-x^2/2} dx + \int_0^\xi e^{-(R+iy)^2/2} i\,dy + \int_R^{-R} e^{-(x+i\xi)^2/2} dx + \int_\xi^0 e^{-(-R+iy)^2/2} i\,dy$. ここで, $\left|\int_0^\xi e^{-(R+iy)^2/2} i\,dy\right| \leq \int_0^\xi e^{-(R^2+y^2)/2} dy \leq \xi e^{\xi^2/2} e^{-R^2/2} \to 0 \ (R \to 0)$. 同様に, $\left|\int_\xi^0 e^{-(-R+iy)^2/2} i\,dy\right| \leq \xi e^{\xi^2/2} e^{-R^2/2} \to 0 \ (R \to 0)$. よって, $\int_{-\infty}^\infty e^{-x^2/2} dx + \int_\infty^{-\infty} e^{-(x+i\xi)^2/2} dx = 0$. $\int_{-\infty}^\infty e^{-(x+i\xi)^2/2} dx = e^{\xi^2/2}\int_{-\infty}^\infty e^{-x^2/2}(\cos\xi x - i\sin\xi x)\,dx = e^{\xi^2/2}\int_{-\infty}^\infty e^{-x^2/2}\cos\xi x\,dx$. よって, $\int_{-\infty}^\infty e^{-x^2/2}\cos\xi x\,dx = \sqrt{2\pi}e^{-\xi^2/2}$. これは, $\xi \leq 0$ でも成り立つ.

解答 13.6 $\xi \geq 0$ のときは, 例 13.3 より, $\int_{-\infty}^\infty \frac{1}{1+x^2} e^{-i\xi x} dx = \int_{-\infty}^\infty \frac{\cos\xi x}{1+x^2} dx = \pi e^{-\xi}$. $\xi < 0$ のときは, $\xi = -\eta$, $x = -y$ とおくと, $\eta > 0$ だから, $\int_{-\infty}^\infty \frac{1}{1+x^2} e^{-i\xi x} dx = -\int_\infty^{-\infty} \frac{1}{1+y^2} e^{-i\eta y} dy = \pi e^{-\eta}$. よって, 任意の実数 ξ に対して, $\hat{f}(\xi) = \sqrt{\pi/2} e^{-|\xi|}$.

解答 13.7 問題 13.5 より, $\int_{-\infty}^\infty e^{-x^2/2} e^{-i\xi x} dx = \int_{-\infty}^\infty e^{-x^2/2}\cos\xi x\,dx = \sqrt{2\pi} e^{-\xi^2/2}$. よって, $\mathcal{F}f(\xi) = e^{-\xi^2/2}$ だから, $\int_{-\infty}^\infty e^{-\xi^2/2} e^{i\xi x} d\xi = \int_{-\infty}^\infty e^{-\xi^2/2}\cos\xi x\,d\xi = \sqrt{2\pi} e^{-x^2/2}$. よって, $\mathcal{F}^*\mathcal{F}f(x) = e^{-x^2/2}$.

索 引

記号索引

$\{a_n\}[z]$ 114
$\text{Arccos}\,x$ 11
$\text{Arccosh}\,x$ 14
$\text{Arcsin}\,x$ 11
$\text{Arcsinh}\,x$ 13
$\text{Arctan}\,x$ 12
$\text{Arctanh}\,x$ 15

$B(x,y)$ 66

$\mathbf{C}$ 33
$\cosh t$ 7

$D^0 S[z]$ 116
$D^1 S[z]$ 116
$D^k S[z]$ 116

e 4
e^z 6
$E(x)$ 71
$\exp z$ 123

$\hat{f}(\xi)$ 186, 190
$f_n(x)$ 73
$f^{-1}(x)$ 8
$[F(x)]_p^q$ 56
$\mathcal{F}f$ 186

$\mathcal{F}^* g$ 187, 190

$\gamma([a_0, a_1])$ 162
$\Gamma(s)$ 64

$\int_{\gamma(t)} f(z)\, dz$ 162
$\int_{\gamma_1(t)+\cdots+\gamma_k(t)}$ 163
$IS[z]$ 116

$\binom{k}{j}$ 2

$\lim_{n\to\infty}$ 31, 34, 38, 39
$\lim_{q \nearrow b}$ 57
$\lim_{q \searrow a}$ 58
$\lim_{x \to a}$ 44, 45
$\lim_{x \nearrow c}$ 46
$\lim_{x \searrow b}$ 46
$\log x$ 10

$n(\gamma(t); z_0)$ 167

$\mathbf{R}$ 3
$R_{n+1}(x)$ 74
Res 177, 188
$\rho(S)$ 119

$S(z)$ 115
$S[z]$ 115
$S^*[z]$ 139
$S_p[z]$ 147
$S_n^*(z)$ 139

$S[f](x)$　137
$S[z-w]$　114
$S[z]+T[z]$　128
$S[z] \cdot T[z]$　128
$(S \circ T)[z]$　134
$\sinh t$　7
$\sup S$　53
$\sum_{m,n=0}^{\infty} a_{m,n}$　107
$\sum_{n=0}^{\infty} a_n z^n$　113, 116, 133

$T_n(z)$　139
$T(f;p)[z]$　147
$\tanh t$　7

$W(x)$　154
$\omega(S[z])$　133

用語索引

　　ア　行

アルキメデスの原理　41

位数
　——（べき級数の）　133
　——（零点の）　24, 177

上に有界　32

n 次関数　2
Hermite の微分方程式　159

オイラーのガンマ関数　64
折れた曲線　162

　　カ　行

解（微分方程式の）　153
開集合　161
回転数　167
ガウス積分　68
加算可能　133

逆関数　8
逆三角関数　13
逆正弦関数　11
逆正接関数　12
逆双曲線関数　15
逆双曲線正弦関数　13
逆双曲線正接関数　15
逆双曲線余弦関数　14
逆フーリエ変換　187, 190
逆余弦関数　11
共役フーリエ変換　187, 190
極限
　——（関数の）　44, 45
　——（数列の）　31, 34, 35, 39
虚軸　161

区間縮小法の原理　41

高位の無限小　71
広義積分　58
　——可能　57, 58
合成（べき級数の）　134
コーシーの剰余項　77
コーシーの積分定理　169, 170, 174
コーシー列　43
誤差関数　70
誤差評価関数　74

サ 行

三角関数　5

指数関数　4
下に凸　81
実解析的　147
　　――関数　148
実軸　161
収束級数　102
収束数列　33
収束する（数列の）　31, 34, 35, 39
収束半径　119
収束べき級数　113
上限　53
初等関数　16

スカラー積（べき級数の）　128

積（べき級数の）　128
絶対収束級数　104
絶対収束べき級数　113
線積分　162

双曲線関数　8
双曲線正弦関数　8
双曲線正接関数　8
双曲線余弦関数　8

タ 行

第 n 次部分和　139
対数関数　10
多項式関数　2
ダランベールの公式　119

単純閉曲線　162
単調増加数列　32

中間値の定理　9, 47
頂点（折れた曲線の）　162

定積分　56
テイラー多項式　74
　　――関数　74
テイラー展開　85
テイラーの定理　74
テイラーべき級数　85

導関数　20
特殊関数　67
閉じた折れ線　162
閉じている（折れた曲線が）　166
凸関数　80
ド・ロピタルの法則　49

ナ 行

2 階線形常微分方程式　153
二項関数　4
二項係数　88
二重級数　107
　　――定理　107
ニュートン法　81

ネイピア数　4, 78

ハ 行

パーセヴァルの等式　138
発散する　38

微係数　48
左から近づく　45
微分可能　48

複素解析的関数　174
複素数の級数　102
複素数の数列　33
複素フーリエ係数　137
複素平面　161
不定積分　20, 56
部分分数展開　24
部分列　43
フーリエ級数　137
フーリエ展開　137
フーリエ反転公式　190
フーリエ変換　184, 186, 190
フレネル積分　171
分数関数　3

ベータ関数　66
べき級数　113
　——による関数　141
辺（折れた曲線の）　162

マ 行

マクローリン展開　86

右から近づく　46

無理関数　4

ヤ 行

有界正項級数　104
優級数　106

ラ 行

ラグランジュの剰余項　74

留数　177, 188
　——の定理　176

Legendre の微分方程式　159

零点　24
連続　46
　——関数　46

ロンスキアン　154

ワ 行

和
　——（級数の）　103
　——（べき級数の）　114, 128
ワイエルシュトラスの判定法　62

著者略歴

落合卓四郎（おちあい・たくしろう）
1943 年　中国北京市に生まれる．
1965 年　東京大学理学部数学科卒業．
現　在　東京大学大学院数理科学研究科教授．理学博士．

高橋勝雄（たかはし・かつお）
1952 年　東京都に生まれる．
1976 年　東京大学理学部数学科卒業．
現　在　東京大学大学院数理科学研究科助手．

初等解析入門

2001 年 3 月 2 日　初　版
2004 年 3 月 22 日　第 3 刷

[検印廃止]

著　者　落合卓四郎・高橋勝雄
発行所　財団法人 東京大学出版会
　　　　代表者 五味文彦
　　　　113-8654 東京都文京区本郷 7-3-1 東大構内
　　　　電話 03-3811-8814　　Fax 03-3812-6958
　　　　振替 00160-6-59964
印刷所　三美印刷株式会社
製本所　矢嶋製本株式会社

ⓒ2001 Takushiro Ochiai and Katsuo Takahashi
ISBN 4-13-062907-7 Printed in Japan

R〈日本複写権センター委託出版物〉
本書の全部または一部を無断で複写複製（コピー）することは，
著作権法上での例外を除き，禁じられています．本書からの複写
を希望される場合は，日本複写権センター（03-3401-2382）に
ご連絡ください．

多変数の初等解析入門	落合卓四郎・高橋勝雄	A5/2300 円
線形代数	木村英紀	A5/2400 円
ベクトル解析入門	小林 亮・高橋大輔	A5/2800 円
理工系の複素関数論	殿塚 勲・河村哲也	A5/3000 円
線型代数入門	齋藤正彦	A5/1900 円
線型代数演習	齋藤正彦	A5/2200 円
解析入門 I	杉浦光夫	A5/2800 円
解析入門 II	杉浦光夫	A5/3200 円
多様体の基礎	松本幸夫	A5/3200 円
微分方程式入門	高橋陽一郎	A5/2200 円
新版 複素解析	高橋礼司	A5/2400 円
微分幾何入門 上・下	落合卓四郎	A5/上 2900 円 下 3700 円
物理数学入門	谷島賢二	A5/3800 円
偏微分方程式入門	金子 晃	A5/3400 円
整数論	森田康夫	A5/3800 円

ここに表示された価格は本体価格です．御購入の際には消費税が加算されますので御了承下さい．